Katharina Reichert

Tausche Sex gegen Nahrung?

Eine Untersuchung über das
gleichgeschlechtliche soziosexuelle Verhalten
weiblicher Bonobos (Pan paniscus)
bei der Nahrungsaufnahme

Bachelor + Master
Publishing

Reichert, Katharina: Tausche Sex gegen Nahrung? Eine Untersuchung über das gleichgeschlechtliche soziosexuelle Verhalten weiblicher Bonobos (Pan paniscus) bei der Nahrungsaufnahme, Hamburg, Diplomica Verlag GmbH 2012
Originaltitel der Abschlussarbeit: Untersuchungen zum soziosexuellen Verhalten von Bonobos (Pan paniscus): Überprüfung der "Sex-for-Food-Exchange-Hypothese"

ISBN: 978-3-86341-346-0
Druck: Bachelor + Master Publishing, ein Imprint der Diplomica® Verlag GmbH, Hamburg, 2012
Zugl. Philipps-Universität Marburg, Marburg, Deutschland, Staatsexamensarbeit , Oktober 2011

Bibliografische Information der Deutschen Nationalbibliothek:
Die Deutsche Nationalbibliothek verzeichnet diese Publikation in der Deutschen Nationalbibliografie; detaillierte bibliografische Daten sind im Internet über http://dnb.d-nb.de abrufbar.

Die digitale Ausgabe (eBook-Ausgabe) dieses Titels trägt die ISBN 978-3-86341-846-5 und kann über den Handel oder den Verlag bezogen werden.

Inhalt

1 Einleitung

Das Teilen von Nahrung ist kein seltenes Phänomen unter Primaten. Es wurde unter anderem bei Kleideraffen (Kavanagh, 1972), Gibbons (Nash & Schessler, 1977), Schimpansen (McGrew, 1996) und auch bei den in dieser Arbeit behandelten Bonobos beobachtet. Meist kann dieses Verhalten auf Basis der Verwandtschaftsselektion erklärt werden. Betrachtet man jedoch das Teilen von Nahrung bei Bonobos, fallen zwei Besonderheiten auf. Erstens teilen am häufigsten die aufgrund der patrilinearen Gruppenstruktur nicht oder nur entfernt verwandten Weibchen die Nahrung miteinander (Kano, 1980), was die Frage aufkommen lässt, welche Faktoren dieses Verhalten zwischen nicht-verwandten Tieren begünstigen. Zweitens tritt das Teilen von Nahrung oft zeitnah zu sexueller Interaktion auf (Kuroda;1984 zit. nach Blount, 1990; de Waal, 1991). De Waal (1998) beschreibt Situationen, in denen die Bereitschaft eines Männchens zum Teilen von Nahrung mit einem Weibchen durch eine vorangegangene Kopulation positiv beeinflusst zu sein schien. Sowohl Weibchen als auch Männchen forderten dabei zur Kopulation auf, wobei Weibchen anschließend stets von der Nahrung des Männchens fressen konnten. Seine Beobachtungen interpretierte de Waal (1998) dahingehend, dass Männchen Nahrung gezielt dazu einsetzen, um mit Weibchen zu kopulieren und Weibchen ihrerseits die sexuelle Attraktion der Männchen nutzen, um Zugang zu einer begehrten Nahrung für sich beanspruchen zu können. In heterosexuellen Paarkonstellation kann dieses Verhalten durch die Begrenzungsfaktoren des reproduktiven Erfolges beider Geschlechter erklärt werden, welche für Weibchen durch den Zugang zu hochwertiger Nahrung und für Männchen durch den Zugang zu fruchtbaren Weibchen bestimmt sind. Parish (1994) beobachtete jedoch ein ähnliches Verhalten zwischen Weibchen untereinander. Wenn Weibchen die Nahrung miteinander teilten, kam es dabei ebenfalls häufig zur sexuellen Interaktion in Form des für Bonobo-Weibchen typischen Genito-Genital-Reibens (GG-rubbing). Auch Parish (1994) vermutete einen engen Zusammenhang zwischen dem Teilen von Nahrung und dem Auftreten von Genital-Kontakt entsprechend eines Austausches von sexueller Interaktion und Nahrung zwischen den beteiligten Tieren ("Sex-for-Food-Exchange"). Sie konnte in einer experimentellen Studie an in Gefangenschaft lebenden Bonobos zeigen, dass dieser "Sex-for-Food-Exchange" regelmäßig unter Weibchen vorkommt. Bisher wurden jedoch keine Daten über den zeitlich direkten Zusammenhang von sexueller Interaktion und Nahrungsteilen zwischen weiblichen Bonobos erhoben. Ziel dieser Arbeit ist es deshalb, weitere Erkenntnisse über die Funktion von GG-rubbing im Sinne eines "Sex-for-Food-Exchange" zwischen Bonobo-Weibchen zu erlangen.

2 Biologie und Lebensweise von Pan paniscus

2.1 Systematik

Die heutige Ordnung der Primaten umfasst rund 350 rezente Arten. Diese lassen sich in die Unterordnung der Strepsirrhini (Feuchtnasenprimaten) und der Haplorrhini (Trockennasenprimaten) einordnen. Die Vertreter dieser Gruppen unterscheiden sich durch das Vorhandensein des Rhinariums (Schnauze) bei den Strepsirrhini und dessen Rückbildung bei den Haplorrhini. Rezente Infraordnungen der Haplorrhini sind die Tarsiiformes (Koboldmakis) und die Anthropoidea (eigentliche Affen). Tarsiformes sind durch vergrößerte Augenhöhlen und die Verlängerung des Ectotympanicums zu einem äußeren Gehörgang charakterisiert. Die Anthropoidea weisen hingegen kleinere Augenhöhlen auf, die durch eine Knochenwand nach hinten verschlossen sind. Die Infraordnung der Anthropoidea schließt alle höheren Affen ein und teilt sich in die zwei Großgruppen Platyrrhini (Neuweltaffen oder Breitnasenaffen) und Catarrhini (Altweltaffen oder Schmalnasenaffen). Diese Gruppierung gründet sich zum einen auf die geografische Verbreitung der zugehörigen Arten in Zentral-und Südamerika (Neuweltaffen) und Asien, Afrika und Europa (Altweltaffen), zum anderen auf die Anordnung der Nasenöffnungen. Während diese bei den Platyrrhini deutlich voneinander getrennt ist, findet man bei den Catarrhini nur eine dünne Scheidewand. Die Gruppe der Catarrhini unterteilt sich weiter in zwei Überfamilien: Cercopithecoidea (Hundsaffen) und Hominoidea (Menschenaffen und Mensch). Die Hominoidea werden in die Familien Hylobatidae (Gibbons) und Hominidae (Große Menschenaffen und Mensch) gegliedert. In die Familie der großen Menschenaffen gehören die Unterfamilien Ponginae, mit dem einzigen rezenten Vertreter *Pongo pygmaeus* (Orang-Utan), und Homininae, in die sich die Gattungen Gorilla (Gorilla) und Pan (Schimpansen) einordnen. Zur Gattung Pan gehören *Pan troglodytes* (Schimpanse[1]) mit den zugehörigen Unterarten und der in dieser Arbeit behandelte *Pan paniscus* (Bonobo), der bis Anfang des 20.Jh.

---

[1] Im weiteren Verlauf dieser Arbeit ist mit der Verwendung des Trivialnamens Schimpanse stets *Pan troglodytes* und seine Unterarten gemeint.

noch als Zwergschimpanse bezeichnet und damit als eine Unterart des gemeinen Schimpansen gehandelt wurde (Geissmann, 2003).

2.2 Geografische Verbreitung und Lebensraum

Der Bonobo ist ausschließlich in den tiefliegenden primären Regenwäldern des zentralen Kongo-Beckens, der Cuvette Centrale (Abbildung 1), in der Demokratischen Republik Kongo in Afrika heimisch (Ziegler, 2004). Sein Lebensraum ist im Osten, Norden und Westen vom südlichen Ufer des Kongo-Flusses eingegrenzt. Im Süden schließt das Gebiet durch das Kasai/ Sankuru-Flusssystem ab. Da Bonobos nicht schwimmen können, stellt diese Gebietsbegrenzung durch Flüsse für die Population eine natürliche Barriere dar (Ziegler, 2004). Das Verbreitungsgebiet von *Pan paniscus* liegt auf einer Höhe von 300-750 Metern und besteht größtenteils aus Regen- und Sumpfwald, weist jedoch vereinzelt Stellen mit Grasland und tropischem Trockenwald auf (Caldecott & Miles, 2005). Der überwiegende Teil der Population findet sich in einem 3000 km^2 großen Gebiet zwischen den Flüssen Yekokora und Lamako (Storch et al., 2007). Während man lange davon ausging, Bonobos würden ausschließlich den dichten tropischen Regenwald bewohnen, zeigen neueste Untersuchungen, dass sie sich auch in Galeriewäldern im südlichen Teil der Cuvette Centrale aufhalten (Myers Thompson, 2002). Beobachtungen aus den Forschungsstationen Lamako (White, 1996) und Wamba (Kano & Mulavwa, 1984; zit. nach White, 1992) belegen, dass sie sich auch zeitweise in Sumpf-Gebieten aufhalten.

Schätzungen über die Populationsgröße gehen weit auseinander und reichen von 5.000 (Kano 1984, zit. nach Dupain & van Elsacker, 2001) bis zu über 100.000 Tieren (Thompson, Malenky & Reinartz 1994, zit. nach Dupain & van Elsacker, 2001). Jüngste Studien gehen von einer Bestandsgröße zwischen 10.000 und 20.000 Individuen mit Tendenz zur Abnahme aus (Dupain & van Elsacker, 2001).

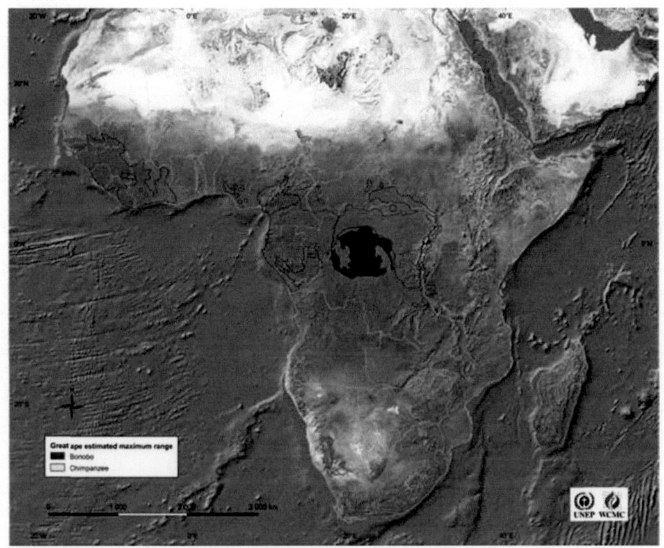

Abbildung 1. Geografische Verbreitung von *Pan paniscus* (schwarz) in der Cuvette Centrale der Demokratischen Republik Kongo (Caldecott & Miles, 2005).

2.3 Gefährdung und Artenschutz

Auf der aktuellen Roten Liste der Weltnaturschutzunion IUCN von 2010 wird der Bonobo als gefährdet eingestuft (International Union for Conservation of Nature, 2010). Ein wesentlicher Faktor hierfür ist die fortschreitende Zerstörung seines Lebensraums durch kommerzielle Abholzung und Brandrodung (Ziegler, 2004). Daneben bedeuten die zunehmende Erschließung von Waldgebieten durch den Menschen und Niederlassungen an den Flussufern der zahlreichen Flüsse in der Cuvette Centrale eine erhebliche Störung für die Tiere. Infolgedessen wandern sie in vom Menschen unbewohnte Gebiete ab, was jedoch nach und nach eine erhebliche Verkleinerung ihres Lebensraums bedeutet. Die Jagd auf Bonobos zur Beschaffung von sogenanntem Buschfleisch ist ein weiterer die Art bedrohender Faktor. Durch die schlechten Arbeits- und Nahrungsverhältnisse im Land gibt es eine steigende Tendenz zur Kommerzialisierung des Affenfleisches, welches in umliegende größere Städte exportiert wird (Dupain & van Elsacker, 2001).

Der Salonga National Park im Süden der Cuvette Centrale ist das einzige geschützte Gebiet, in dem Bonobos leben. Jedoch sind sie auch dort kaum vor gut organisierten Wildererbanden geschützt (Ziegler, 2004). Wenige Bonobo-Auffangstationen, wie z. B. *Lola ya Bonobo* im Westen der Cuvette Centrale, die eng mit PASA (Primates African Sanctuary Alliance) zusammenarbeitet, versuchen verwaiste Jungtiere und verletzte adulte Tiere aufzunehmen, zu pflegen und später wieder auszuwildern. In Europa wird in Zusammenarbeit mit Zoologischen Gärten durch das Europäische Erhaltungszuchtprogramm (EEP) versucht die genetische Diversität der in Gefangenschaft lebenden Bonobos zu erhalten, indem Tiere zwischen Zoos zu Zuchtzwecken getauscht und ausgeliehen werden.

2.4 Merkmale

Bonobos haben eine Lebenserwartung von 50 bis 55 Jahren (de Waal, 1998). Von der Geburt bis zum Alter von fünf bis sieben Jahren besteht eine enge Bindung zwischen Jungtier und Mutter. Im Alter von sieben Jahren beginnt die Pubertät, die bei den Weibchen durch das Anschwellen der Anogenitalregion signalisiert wird (Furuichi, 1989). Die Dauer des Menstruationszyklus liegt zwischen 36 und 46 Tagen. Zwischen dem elften und 15. Lebensjahr bekommen Weibchen normalerweise ihren ersten Nachwuchs (Furuichi, 1989; de Waal, 1998). Die Tragzeit liegt zwischen 227 und 277 Tagen (Puschmann & Blaszkiewitz, 2007). Weibchen gebären im Schnitt alle vier bis sechs Jahre nur ein Jungtier. Mit 14-16 Jahren sind beide Geschlechter in der Regel voll ausgewachsen (Caldecott & Miles, 2005). Altersangaben über den Eintritt der Weibchen in die Menopause sind nicht ausreichend vorhanden, Schätzungen gehen von einem Alter von 40 Jahren aus (de Waal, 1998). Jurke et al.(2001) beschreiben allerdings ein Bonobo-Weibchen des Frankfurter Zoos, das mit 48 Jahren noch unregelmäßige Menstruationsblutungen hatte.

Bonobos sind mit einer durchschnittlichen Gesamtkörpergröße von 115 cm nicht wesentlich kleiner als Schimpansen (durchschnittlich 120 cm), weshalb die weitläufige Bezeichnung Zwergschimpanse irreführend ist (Coolidge, 1982). Anatomiestudien zeigten sogar eine wesentliche Größenüberschneidung beider Arten (Coolidge, 1982). Männliche Bonobos wiegen im Mittel 43 kg, Weibchen erreichen mit durchschnittlich 36 kg nur 83% des Gewichts von Männchen

(Parish, 1995). Im Vergleich zum Schimpansen wirkt der Bonobo graziler und feingliedriger. Er hat längere Beine, Finger und Zehen, jedoch kürzere Arme (Zihlmann, 1996). Der Kopf hat eine vergleichsweise runde Form mit weniger ausgeprägter Augenbrauenwulst und flacherer Schnauze mit dickwandigen Gorilla-ähnlichen Nüstern (de Waal, 1998). Die Ohren sind wesentlich kleiner und weniger seitlich abstehend als beim Schimpansen. Typische Merkmale des Bonobo sind das von Geburt an tiefschwarze Gesicht mit hellen rosafarbenen Lippen und ein ausgeprägter Mittelscheitel mit weit nach außen abstehenden Seitenhaaren an den Wangen. Das schwarze Fell bedeckt den ganzen Körper mit Ausnahme der Hand- und Fußflächen, der Genitalien und des Gesichts, die Brust ist etwas dünner behaart. Bei Jungtieren findet sich am Steiß ein weißes Haarbüschel, das auch teilweise bei adulten Tieren noch vorhanden ist (White, 1996). Verglichen mit Orang-Utan und Gorilla findet sich beim Bonobo nur ein moderater Geschlechtsdimorphismus.

Die für die Gattung Pan typische Genitalschwellung der Weibchen ist bei Bonobos sehr stark ausgeprägt. Schwellung und Scheide liegen weiter vorn zwischen den Beinen als bei Schimpansen. Durch das starke Anschwellen der inneren Labien treten die äußeren Labien stark nach lateral und sind kaum noch als solche zu erkennen (Dahl, 1985). Die ebenfalls stark vergrößerte Klitoris steht vor, ist erektil und frontal orientiert (de Waal, 1998). Furuichi (1987) stellte fest, dass die Größe der maximalen Genitalschwellung individuell unterschiedlich ist und die zyklusbedingte Veränderung besser durch Beschaffenheit und Festigkeit des Genitalgewebes beschrieben werden kann. Jedoch findet auch nach diesen Kriterien in 30 % der Fälle die Ovulation nicht während der maximalen Schwellung statt (Reichert et al., 2002). Die Männchen haben aufgrund der promiskuitiven Paarungsstruktur von Bonobos große Hoden. Auch der Penis ist im Vergleich mit anderen Hominiden zu den größeren Exemplaren zu zählen. Im unerigierten Zustand kann dieser vollständig innerhalb des Körpers verborgen sein (de Waal, 1991). Erigiert setzt er sich durch die rosa Färbung der Penishaut stark vom schwarzen Fell und dem grauen Skrotum ab (Sommer & Ammann, 1998).

2.5 Ernährung

Bonobos sind omnivor mit einer Präferenz für pflanzliche Nahrung, die hauptsächlich aus Früchten (bis zu 78 % des gesamten Nahrungsumsatzes) und Blättern (ca. 19% des gesamten Nahrungsumsatzes) besteht (White, 1992). Beliebte Futterpflanzen sind z. B. der Brotfruchtbaum (*Treculia africana*) und die afrikanische Mango (*Irvingia gabonensis*) (Hohmann & Fruth, 2000). Des Weiteren vervollständigen Pflanzensamen, Blüten, Wurzeln, Gräser und Wasserpflanzen (*Hydrocharis chevalieri*) die pflanzliche Diät von Bonobos (Caldecott & Miles, 2005). Tierische Eiweiße werden meistens in Form von Arthropoden und Anneliden aufgenommen, darunter Ameisen (*Tetraponera aethiops*), Termiten (*Nasutitermes sp.*, *Microcerotermes foscotibialis*), Käfer und ihre Larven, Schmetterlinge, Regenwürmer und Hundertfüßer. Nur gelegentlich werden kleinere Wirbeltiere, wie Flughörnchen (*Anomalurus sp.*), Fledermäuse (*Eidolon sp.*) und junge Schopfducker (*Cephalophus*) gefressen (Bermejo, Illera & Sabater Pí, 1994; Sommer & Ammann, 1998). Aktives Jagdverhalten war lange Zeit nur von Schimpansen bekannt, bis 2008 die Jagd auf kleinere Affen und das anschließende Teilen des Fleisches im Salonga National Park beobachtet werden konnte (Surbeck & Hohmann, 2008). Jüngste Freilandbeobachtungen aus Lui Kotale von berichten von einem Fall von Kannibalismus. Dabei wurde ein aus unbekannten Gründen verendetes Jungtier von mehreren Mitgliedern einer Bonobo-Gruppe inklusive der Mutter und einem älteren Geschwister gefressen. Es wird vermutet, dass es sich hierbei nicht um eine Verhaltensanomalie einzelner Tiere handelte, sondern das Verhalten als Antwort auf nahrungsbedingten oder sozialen Stress angesehen werden kann (Fowler & Hohmann, 2010).

2.6 Werkzeuggebrauch

Im Gegensatz zu freilebenden Schimpansen, die ein großes Repertoire an Werkzeuggebrauch aufweisen, konnte die Herstellung und Verwendung von Werkzeugen bei Bonobos in freier Wildbahn nur einmal im Salonga National Park in Form von „Fischen" an einem Termitenhügel beobachtet werden. Dabei steckten die Tiere dünne Äste in die Öffnung der Termitenhügel, um durch das anschließende Herausziehen die auf dem Ast sitzenden Termiten fressen zu können. In Gefangenschaft sind Bonobos zu einer sehr großen Bandbreite an Werkzeuggebrauch in der Lage. Sie reiben sich zum Trocknen ihres Fells mit Holzwolle oder Blättern ab, reinigen verschmutzte Nahrung durch Abreiben mit Holzwolle, verwenden zerkaute Blätter als Schwamm zur Absorption von Trinkwasser aus kleineren Pfützen, benutzen Äste als Schlagwaffen gegeneinander und bringen Baumstämme und dickere Äste als Erhöhung in Position, um an höher gelegene Gegenstände heranzukommen (Caldecott & Miles, 2005). Ebenfalls das erwähnte „Fischen" an Termitenhügeln wird von Tieren in Gefangenschaft sehr geschickt betrieben. Jordan (1982) beobachtete hierbei sogar die Fähigkeit zu Modifikation von Ästen zu effizienteren Werkzeugen durch Verjüngung und Aushöhlung. Mulcahy & Call (2006) fanden außerdem heraus, dass Bonobos zum „Fischen" geeignete Äste bis zu 14 Stunden vor der eigentlichen Benutzung am künstlichen Termitenhügel gesammelt und bei sich behalten hatten, bis diese schließlich zum Einsatz kamen.

2.7 Sozialverhalten

2.7.1 Soziale Organisation

Die soziale Organisation von Bonobos ist eine *Fission-Fusion*-Organisation mit kleineren, variablen Subgruppen einer stabilen Großgruppe (Caldecott & Miles, 2005). In freier Wildbahn wurden Großgruppen von bis zu 200 Tieren gesichtet, welche Streifgebiete von 2200 bis 5800 *ha* einnehmen (Geissmann, 2003). Subgruppen von bis zu 23 Tieren spalten sich für Streifzüge zur Nahrungssuche von der Großgruppe ab (*Fission*) und finden nach ein bis mehreren Tagen wieder zusammen (*Fusion*). Dabei legen sie Strecken von ca. 1,2 bis 2,4 km zurück (Geissmann, 2003). Diese Subgruppen vermischen sich normalerweise nicht mit Mitgliedern anderer Großgruppen (Caldecott & Miles, 2005). Während sich bei Schimpansen Männchen von Weibchen und Jungtieren oft absondern und in getrennten Subgruppen umherwandern, finden sich bei Bonobos gemischte Gruppen verschiedenster Alters- und Geschlechtsklassen (Sommer & Ammann, 1998).

Bonobo-Gruppen sind patrilineal. Während die Männchen zeitlebens in ihrer Geburtsgruppe bleiben, beginnen Weibchen im Alter von neun Jahren fremde Gruppen zu besuchen, um sich danach in eine neue Gruppe einzugliedern (de Waal, 1998). Obwohl Bonobo-Männchen dadurch meist eng verwandt sind, unterhalten sie keine engen sozialen Beziehungen untereinander (Sommer & Ammann, 1998). Weibchen hingegen bilden starke soziale Bindungen zu anderen Weibchen der Gruppe und formen Koalitionen gegen Männchen. Diese starken affiliativen Beziehungen zwischen nicht-verwandten Weibchen sind bei Primaten sehr selten (Parish, 1994). Zum Beispiel gehen bei den ebenfalls patrilineal lebenden Schimpansen die eng verwandte Männchen ausgedehnte Koalitionen ein, während Weibchen lediglich lockere Beziehungen untereinander ausbilden (Sommer & Ammann, 1998).

2.7.2 Soziale Hierarchie

Die soziale Hierarchie bei Bonobos ist matriarchial. Der höchste Rang wird stets von einem Weibchen eingenommen, während den niedrigsten Rang immer ein Männchen besetzt (Stevens, Vervaecke & Elsacker, 2007). Dennoch ergaben Studien an fünf verschiedenen Bonobo-Gruppen in Gefangenschaft eine non-exklusive weibliche Dominanz, da mindestens ein Weibchen von einem Männchen dominiert wurde (Stevens, Vervaecke & Elsacker, 2008). Die Dominanr der Weibchen über die Männchen äußert sich in der Kontrolle über den Zugang zu Nahrung (Caldecott & Miles, 2005) und den Ausgang feindseliger Auseinandersetzungen (Sommer & Ammann, 1998). Nach Furuichi (1997) ist die weibliche Dominanz durch einen oder mehrere der folgenden Faktoren begünstigt. Erstens könnten der ausgedehnte Östrus und das nicht-zyklische Anschwellen der Anogenitalregion der Weibchen zu Vorteilen bei der Nahrungsverteilung führen. Diese Vermutung wird durch Beobachtungen an Schimpansen unterstützt, bei denen Weibchen mit maximaler Genitalschwellung Vorrang bei der Nahrungs-aufnahme hatten. Zweitens könnte die Fortpflanzungsstrategie der Männchen zum hohen sozialen Status der Weibchen beitragen. Im promiskuitiven Paarungs-system von Bonobos wäre es mit hohem Aufwand verbunden, andere Männchen von der Paarung mit Weibchen abzuhalten. Deshalb versuchen Männchen durch das Teilen von Nahrung mit Weibchen von diesen bei Kopulationen bevorzugt zu werden. Der dritte mögliche Faktor ist die Bildung von Allianzen zwischen Weibchen, die es ihnen ermöglicht Männchen erfolgreich zu attackieren und sie z. B. von begehrter Nahrung zu vertreiben. Männchen verhalten sich deshalb eher submissiv gegenüber Weibchen, wenn diese Teil einer Koalition sind. Die Bildung von Allianzen ist durch die starken sozialen Bindungen zwischen Weibchen untereinander möglich. Aufgrund der Patrilinearität sind diese nicht auf Verwandtschaftssympathie zurückzuführen und müssen durch andere Mechanismen hergestellt werden (Furuichi, 1989). Es wird vermutet, dass häufiger Genital-Kontakt in Form von GG-rubbing, Allogrooming und das Teilen von Nahrung Bonobo-Weibchen starke soziale Bindungen zueinander ausbilden lässt (Caldecott & Miles, 2005; Franz, 1999).

Über die Mechanismen, die die soziale Hierarchie zwischen Weibchen untereinander bestimmen, können bisher nur Vermutungen angestellt werden. Beobachtungen von schon etablierten Bonobo-Gruppen geben hierüber nur wenig Auschluss. Betrachtet man jedoch Situationen, in denen gruppenfremde Weibchen in eine bestehende Bonobo-Gruppe immigrieren, fällt auf, dass ankommende Weibchen zunächst einen sehr niedrigen Rang besetzen. Diese Weibchen suchen dann auffällig häufig den Kontakt zu einem der älteren Weibchen, in Form von GG-rubbing und Allogrooming. Diese Kontakte scheinen den Integrationsprozess zu erleichtern (Furuichi, 1997; Pfalzer & Ehret, 1995). Ein weiterer Faktor, welcher den individuellen Rang eines Weibchens beeinflussen kann, ist die Geburt von Jungtieren. Beobachtungen von freilebenden Gruppen belegen, dass der soziale Rang eines Weibchens nach dessen erster Geburt stabiler wird. (Furuichi, 1989). Alter der Tiere, affiliative Beziehungen zu älteren Weibchen und Mutterschaft scheinen damit maßgebliche Faktoren für den Rang eines Weibchens zu sein.

Die soziale Stellung der Männchen ist maßgeblich durch den sozialen Rang ihrer Mütter beeinflusst (Furuichi, 1997). Mutter und Sohn haben eine enge soziale Bindung, die auch im Erwachsenenalter des Sohnes bestehen bleibt (Furuichi, 1989). Weibchen unterstützen ihren männlichen Nachwuchs bei aggressiven Auseinandersetzungen mit anderen Männchen und beeinflussen damit die Rangstruktur unter den Männchen enorm. Männchen mit hochrangiger Mutter tendieren zu einem hohen Rang in der männlichen Hierarchie. Meist besetzen Männchen ohne Mutter in der Gruppe daher einen der niedrigsten Ränge

(Furuichi, 1997). Änderungen in der Dominanzstruktur der Weibchen können deshalb direkten Einfluss auf die Dominanzstruktur der Männchen haben. Vermutlich bewirkt diese starke Bindung zwischen Mutter und Sohn, dass ältere erwachsene Weibchen nicht mehr emigrieren (Furuichi, 1989). Die Unterstützung des männlichen Nachwuchses könnte sich als eine Strategie zur Maximierung des Fortpflanzungserfolges über Generationen hinweg entwickelt haben. Indem hochrangige Weibchen ihren Söhnen zu einem hohen sozialen Status unter den Männchen verhelfen, können diese Nahrung leichter gegenüber anderen Männchen für sich beanspruchen. Männchen die Nahrung monopolisieren können, haben wiederum höhere Chancen von Weibchen bei der Kopulation bevorzugt zu werden (Furuichi, 1997).

2.7.3 Aggressionsverhalten

Feindseliges Verhalten und physische Aggression treten in den Kontexten Nahrung, Reproduktion und Veränderungen in der Rangstruktur am häufigsten auf (Kano, 1980; Furuichi, 1997). Aggressive Auseinandersetzungen wurden bei wildlebenden Bonobos am häufigsten zwischen erwachsenen Männchen beobachtet (Furuichi, 1997; Hohmann & Fruth, 2003; Kano, 1980). Zwischen Weibchen scheinen sie hingegen seltener vorzukommen und bestehen meist lediglich aus dem Verjagen eines anderen Weibchens ohne tatsächliche physische Aggression (Furuichi, 1997). Zwischen Weibchen und Männchen sind feindselige Auseinandersetzungen eher selten und gehen meist von den Weibchen aus (Hohmann & Fruth, 2003). Obwohl aufkommende Aggressionen schnell durch soziosexuelles Verhalten[2] beschwichtigt werden können (Furuichi, 1997), kommt es in seltenen Fällen doch zu schwereren Verletzungen meist zum Nachteil der Männchen (Hohmann, 2003). Häufig weisen sie verstümmelte Finger und Zehen auf, die größtenteils weiblichen Attacken zuzuordnen sind (Sommer & Ammann, 1998).

---

[2] Siehe Kapitel 2.8 Soziosexuelles Verhalten

2.7.4 Komfortverhalten

Auch bei Bonobos ist das für Primaten typische Allogrooming großer Bestandteil des Sozialverhaltens. Neben der Fellpflege ist es auch Anzeichen für affiliative Beziehungen zwischen einzelnen Tieren (de Waal, 1998). Kano (1980) beschreibt es als den besten Anhaltspunkt, um gegenseitige Zuneigung zu messen. Allogrooming kommt in allen Alters- und Geschlechterkombinationen vor (Franz, 1999) und tritt meist in den Ruhephasen auf. Grooming ist zwischen erwachsenen Tieren meist direkt reziprok, d.h. dass sich die Tiere mehrmals während einer Grooming-Einheit abwechseln (Kano, 1980).

2.8 Sexualverhalten

Das sexuelle Verhaltensrepertoire von Bonobos ist wohl der am häufigsten genannte Unterschied zu Schimpansen (Parish, 1994) und ein aufgrund seiner Vielgestaltigkeit häufig untersuchtes Charakteristikum dieser Spezies. Bonobos schöpfen dabei alle erdenklichen Möglichkeiten an Alters- und Geschlechterkombinationen aus. Über Kopulationen zwischen Männchen und Weibchen hinaus finden homosexuelle Kontakte zwischen Weibchen und zwischen Männchen untereinander, sexuelle Interaktion zwischen adulten und Jungtieren und zwischen Jungtieren untereinander statt (Hashimoto, 1997; Manson, Perry & Parish, 1997; Sommer & Ammann, 1998; de Waal, 1998). Dabei zeigen Jungtiere unter einem Jahr schon sexuelle Verhaltensweisen (Hashimoto, 1997). Sehr vielseitig ist auch die Ausgestaltung dieser sexuellen Kontakte. Neben Kopulationen finden Genital-Kontakte wie Genito-Genital-Reiben (GG-rubbing) unter Weibchen, Steiß-Kontakt und Penisreiben unter Männchen, heterosexuelles Aufreiten, manuelle und orale Stimulation der Genitalien anderen Tieres sowie Masturbation statt (Hashimoto, 1997; de Waal, 1998). Bonobos verpaaren sich zudem nicht nur in der für Primaten üblichen ventro-dorsalen Position, sondern auch in ventro-ventraler Stellung und dies sowohl in hetero- als auch in homosexuellen Paarkonstellationen (Blount, 1990). Im Folgenden sollen einige Formen sexueller Interaktion detailliert beschrieben werden.

2.8.1 Kopulation

Kopulation bezeichnet das Aufreiten eines Männchens auf ein Weibchen mit Intromission des Penis in die Vagina (Hashimoto, 1997). Beim dorso-ventralen Verkehr steht das Weibchen quadrupedal, sitzt oder geht in die Hocke, während das Männchen zweibeinig hinter ihm steht oder sitzt. Bei ventro-ventraler Kopulation liegt das Weibchen in der Regel auf dem Rücken, während das Männchen es zweibeinig vor ihm stehend umarmt (Kano, 1980). Da sich Weibchen Männchen meist auf dem Rücken liegend anbieten und sogar oft während des Aktes in diese Position wechseln, wird vermutet, dass sie den ventro-ventralen Kontakt bevorzugen. Zu dieser Präferenz könnte die Lage der Klitoris beitragen, denn da diese nach ventral gerichtet ist, wird sie bei ventro-ventraler Kopulation stärker stimuliert (Sommer & Ammann, 1998). Kopulationen sind eher von kurzer Dauer, im Mittel zwischen zehn und 20 Sekunden, selten länger als eine Minute (Kano, 1980). Obwohl prinzipiell beide Geschlechter zur Kopulation auffordern, wird der Großteil der Kopulationen von Männchen initiiert (Furuichi & Hashimoto, 2004). Die Aufforderung geschieht durch z.B. die räumliche Annäherung an ein Weibchen (Furuichi & Hashimoto, 2004), die Präsentation des erigierten Penis (Patterson, 1979), die Präsentation von begehrter Nahrung (de Waal, 1998) oder einen seitlichen Wiegeschritt mit aufrechtem Oberkörper und ausgestreckten Armen (Fedigan, 1992; Furuichi & Hashimoto, 2004). Allgemein werden Weibchen mit maximaler Genitalschwellung häufiger von Männchen umworben und stimmen auch häufiger in Kopulationen ein als Weibchen mit geringerer Schwellung. Freilandbeobachtungen in Wamba fanden jedoch immerhin noch 1/3 aller männlichen Aufforderungen an Weibchen mit geringer Genitalschwellung gerichtet, die in der Hälfte der Ereignisse mit dem Männchen kopulierten (Furuichi & Hashimoto, 2004). Von schwangeren Weibchen oder Weibchen mit Säuglingen wurde hingegen keine Bereitschaft zur Kopulation verzeichnet, wohl aber bei Müttern mit unselbstständigem Nachwuchs ab drei Jahren. Diese kopulierten ebenso häufig wie Weibchen ohne Nachwuchs (Furuichi, 1987).

Kopulationen kommen überdies bei Bonobos nicht nur zwischen adulten Tieren, sondern auch zwischen juvenilen Männchen und adulten Weibchen vor. Die frühe Fähigkeit zur Erektion des Penis juveniler Männchen ermöglicht die Kopulation mit adulten Weibchen (Kano, 1980). Bei sexueller Interaktion zwischen adulten Männchen und juvenilen Weibchen kommt es hingegen aufgrund des Entwicklungsstandes der Vagina nicht zum Einführen des Penis. Kontakte dieserart werden deshalb als heterosexuelles Aufreiten bezeichnet. Außer zwischen adulten und Jungtieren kommt dieses Verhalten auch zwischen adulten Tieren untereinander vor.

2.8.2 Genito-Genital-Reiben (GG-rubbing) zwischen Weibchen

Eine dem weiblichen Bonobo einzigartige Verhaltensweise ist das Genito-Genital-Reiben, das vom gewöhnlichen Aufreiten zwischen Weibchen anderer Primaten-Arten zu unterscheiden ist. In den meisten Fällen umarmen die Weibchen einander ventro-ventral und reiben ihre Genitalschwellung lateral aneinander (Hohmann & Fruth, 2000; Kano, 1980). Das Weibchen in oberer Position führt rhythmische Seitwärts-Bewegungen aus, während sich das untere Weibchen mit den Beinen an dessen Hüfte klammert (Abbildung 2). Der Rhythmus entspricht mit durchschnittlich 2,2 Seitwärtsbewegungen pro Sekunde dem Stoßrhythmus der Männchen bei der Kopulation (de Waal, 1998). Die nach ventral gerichtete Klitoris wird durch das heftige Reiben stimuliert, gerade bei Weibchen mit Genitalschwellung, deren Klitoris dann ebenfalls geschwollen und erektil ist (Sommer & Ammann, 1998). Gelegentlich verkehren Bonobo-Weibchen miteinander auch in ventro-dorsaler Position. Während ein Weibchen auf dem Rücken liegt, kehrt ihm das andere stehend den Rücken zu und reibt seine Genitalschwellung an der des liegenden Weibchens (de Waal, 1998). Genitalreiben dauert meist zwischen wenigen Sekunden und einer Minute. Gesten und Verhaltensweisen, die zum GG-rubbing auffordern, ähneln denen der Kopulation. Ein Weibchen nähert sich einem anderen Weibchen und signalisiert durch einen seitlichen Wiegeschritt, ein Ziehen an der Schulter des anderen Weibchens oder durch rhythmische Bewegungen der Hüfte, wie sie auch beim GG-rubbing ausgeführt werden, die Bereitschaft zum Genital-Kontakt. Auch wenn sich ein Weibchen mit ausgebreiteten Armen vor einem anderen auf den Rücken fallen lässt, kann dies als eine Einladung zum GG-rubbing verstanden werden (Kano, 1980).

Abbildung 2. Bonobo-Weibchen bei der Ausübung von GG-rubbing in ventro-ventraler Position (de Waal, 1998)

2.8.3 Sexuelle Kontakte zwischen Männchen

Die am häufigsten beschriebene Form sexuellen Kontaktes zwischen Männchen ist der Steiß-Kontakt, der das rhythmische Aneinanderreiben der Hoden bezeichnet. Zwei Männchen stehen sich dazu mit zugewandtem Hinterteil quadrupedal gegenüber (Sommer & Ammann, 1998). Seltener wurde das sogenannte Penisreiben beschrieben, welches dem heterosexuellen Aufreiten in ventro-ventraler Position ähnelt. Dabei liegt das Männchen (gewöhnlich das jüngere) passiv auf dem Rücken, während das andere Männchen stößt. Da beide Männchen Erektionen haben reiben ihre Penes gegeneinander. Beim sexuellen Kontakt zwischen Männchen wurden bisher weder Ejakulation noch Versuche der analen Penetration beobachtet (de Waal, 1998).

2.9 Soziosexuelles Verhalten

Wie bei vielen anderen Primaten sind die Funktionen sexueller Verhaltensweisen auch bei Bonobos nicht auf die Fortpflanzung beschränkt, sondern als integraler Bestandteil des sozialen Beziehungsgefüges anzusehen (Fedigan, 1992; de Waal, 1998). Im Speziellen das Auftreten homosexueller Kontakte, heterosexueller Kopulation außerhalb des Östrus der Weibchen und sexuellen Verkehrs mit Jungtieren weist darauf hin, dass das Sexualverhalten von Bonobos mehr als nur der Reproduktion dienlich ist. Tatsächlich finden sich zahlreiche weitere Funktionen im Bereich der sozialen Kommunikation der Tiere. (de Waal, 1998) bezeichnete Sex als den „magischen Schlüssel zur sozialen Organisation von Bonobo-Gesellschaften". Viele der sexuellen Interaktionen von Bonobos können deshalb als soziosexuelles Verhalten bezeichnet werden, also sexuelle Kontakte die vom eigentlichen Primärziel der Reproduktion entkoppelt und dem sozialen Gefüge von Gesellschaften dienlich sind (Fedigan, 1992). Paoli et al. (2007) und de Waal (1991) vermuteten, dass bei Bonobos die Hauptfunktionen des sozio-sexuellen Verhaltens der Abbau und die Regulation sozialer Spannung ist. Diese treten vermehrt in den Kontexten Aggression und Nahrungsaufnahme auf. Hashimoto (1997) und Parish (1994) untersuchten zudem die Ausbildung von sozialen Bindungen und Allianzen durch häufigen sexuellen Kontakt unter Weibchen. Im Folgenden sollen Auftreten und Funktion sexueller Interaktion in den genannten Kontexten genauer erläutert werden.

2.9.1   Soziosexuelles Verhalten im Kontext „Aggression"

Sexuelle Aktivität von Bonobos wird mit dem Abbau von Aggression in Zusammenhang gebracht (Westheide & Rieger, 2004). Kano (1980) vermutete aufgrund seiner Beobachtungen in freier Wildbahn schon früh, dass Spannungen zwischen Weibchen durch GG-rubbing abgebaut würden. Später zählte man auch andere Formen soziosexuellen Verhaltens, wie Steiß-Kontakt und Kopulation, zu spannungsregulierenden Verhaltensweisen (Kuroda, 1984, zit. nach Parish, 1994). Beobachtungen von de Waal (1991) weisen darauf hin, dass sexuelle Interaktion bei Anzeichen von Aggression als Beschwichtigungsmaßnahme eingesetzt wird und schwere körperliche Aggressivität dadurch meist ausbleibt. Da der Ausgang dieser Situationen ohne das Auftreten von soziosexuellem Verhalten nicht sicher rekonstruiert werden kann, bleiben dies jedoch nur Vermutungen. Unterstützt werden diese durch eine zweite Funktion soziosexuellen Verhaltens im Kontext von Aggression, nämlich der Versöhnung. de Waal (1991) beschreibt Situationen, in denen auf eine aggressive Auseinandersetzung sexuelle Interaktion folgte. Aufgrund des erhöhten Aufkommens affiliativer Interaktion nach diesen sexuellen Begegnungen, wie z. B. Allogrooming, schloss er, dass Bonobos Sex als Mittel zur Versöhnung einsetzen. Hohmann & Fruth (2000) fanden in einer groß-angelegten Freilandstudie in Lamako, dass die Rate von GG-rubbing nach aggressiven Auseinandersetzungen zwischen den beteiligten Weibchen höher war als die Rate vor einer aggressiven Auseinandersetzung. Da Aggression meist in Fütterungssituationen aufkam, ist es nicht ganz eindeutig, ob die sexuellen Interaktionen durch die Anwesenheit von Nahrung ausgelöst wurden oder tatsächlich als Versöhnungsakt fungierten. De Waal (1998) beobachtete jedoch auch Versöhnungen, die nicht während der Fütterung stattfanden. Zum Beispiel führten Bonobo-Männchen, die sich um die Kopulation mit einem Weibchen stritten, kurz danach Steiß-Kontakt aus. Kam Aggression zwischen einem Weibchen und einem fremden Jungtier auf, so konnte die Situation durch intensives GG-rubbing zwischen dem Weibchen und der Mutter des Jungtieres entspannt werden. Diese Mechanismen zur Prävention von physischer Aggression sind ein wichtiges Element in der sozialen Organisation von Bonobos, ohne die die Gruppengröße und -konstellation vermutlich nicht möglich wäre (Blount, 1990; de Waal, 1991).

2.9.2   Soziosexuelles Verhalten im Kontext „Nahrung"

Obschon unterschiedlichster Untersuchungsschwerpunkte in Studien zum soziosexuellen Verhalten von Bonobos, erwies sich als zuverlässiger Auslöser für sexuelle Interaktion immer die Anwesenheit von Nahrung. De Waal (1998) beobachtete in einer Bonobo-Gruppe in Gefangenschaft, dass alle Männchen eine Peniserektion aufwiesen, sobald sich ein Tierpfleger mit Nahrung dem Gehege näherte. Noch bevor die Tiere Zugang zur Nahrung hatten, kam es schon zu zahlreichen Genital-Kontakten und Kopulationen. Parish (1994) löste erhöhte Raten sexuellen Verhaltens durch die Darbietung von begehrter Nahrung in Form eines mit Honig gefüllten, künstlichen Termitenhügels aus. Freilandbeobachtungen von Hohmann & Fruth (2000) ergaben erhöhte Raten von Genital-Kontakten bei der Ankunft einer Bonobo-Gruppe an einem früchtetragenden Baum. Doch nicht nur das Auftreten sexueller Interaktion ist auffällig, sondern auch die Wirkung, die sexueller Kontakt auf die Tiere zu haben scheint. Die Aufregung und Spannung, die durch die Präsentation von Nahrung aufkommt, scheint sich unmittelbar nach den sexuellen Kontakten zu legen und ermöglicht das gemeinsame Fressen ohne aggressive Auseinandersetzungen (Kuroda, 1980), wie es z. B. bei Schimpansen häufig beobachtet wurde (de Waal, 1991). Es liegt nahe zu interpretieren, dass sich die Aufregung über Nahrung in sexuelle

Erregung verwandelt, als ob sich die Begeisterung für Nahrung und Sex vermischte. Wahrscheinlicher ist jedoch, dass Konkurrenz um Nahrung der Auslöser für sexuelle Interaktion ist und die aus der Konkurrenz resultierende Anspannung zwischen den Tieren durch soziosexuelles Verhalten abgebaut wird (de Waal, 1998). Beobachtungen aus Zoos bestätigen, dass die Bereitschaft zum Teilen von Nahrung unter anderem durch sexuelle Kontakte begünstigt wird (Parish, 1994; de Waal, 1991). De Waal (1998) beschreibt sogar den gezielten Einsatz von sexueller Attraktion, um an Nahrung zu gelangen. Zum Beispiel boten sich rangniedere Weibchen häufig den Männchen an, die im Besitz von begehrter Nahrung waren. Anschließend konnten die Weibchen dann Teile oder die gesamte Nahrung für sich allein beanspruchten. Parish (1994) bezeichnete dieses Verhalten bei Bonobos als "Sex-for-Food-Exchange" und fand heraus, dass dieses nicht nur in heterosexuellen Konstellationen vorkommt. Auch Weibchen teilten häufiger ihre Nahrung mit anderen Weibchen, wenn sie zuvor ihre Genitalschwellungen aneinander gerieben hatten.

2.9.3 Soziosexuelles Verhalten im Kontext „Ausbildung sozialer Bindung"

Die Tatsache, dass enge soziale Bindungen unter nicht-verwandten Weibchen bei Primaten sehr selten sind, lässt die Frage nach den Mechanismen zur Herstellung dieser Bindung bei Bonobos aufkommen. Die Integration gruppenfremder Weibchen in eine bestehende Bonobo-Gesellschaft gibt Hinweise auf die Entstehung affiliativer Beziehungen zwischen weiblichen Bonobos. Aus mehreren Beobachtungen dieser Integrationsprozesse geht hervor, dass vermehrtes GG-rubbing letztendlich zur Eingliederung des Weibchens in die Gruppe beiträgt (de Waal, 1998; Kano, 1980). Fremde Weibchen werden dabei sehr häufig von anderen Weibchen zum GG-rubbing eingeladen und sogar bevorzugt ausgewählt (Pfalzer & Ehret, 1995). Auch in Zoos, die Bonobos nach dem Fission-Fusion-Konzept halten, wurde bei Fusionen der Subgruppen ein vermehrtes Aufkommen von GG-rubbing zwischen den Weibchen beobachtet, die für eine Zeit voneinander getrennt waren. Es wird vermutet, dass diese Kontakte der Erneuerung sozialer Bindungen dienen (de Waal, 1998).

3   Hypothesen und Prognosen

Im Rahmen dieser Arbeit soll das Verhalten von weiblichen Bonobos in Anwesenheit von Nahrung untersucht werden. Von besonderem Interesse sind hierbei das Auftreten von GG-rubbing und das Teilen von Nahrung. Um Aussagen über die Funktion von GG-rubbing im Sinne eines "Sex-for-Food-Exchange" machen zu können, sollen folgende Beobachtungsschwerpunkte gesetzt werden:

3.1   Häufigkeit von GG-rubbing in An- und Abwesenheit von Nahrung

Paoli et al. (2007) verglichen in einer Studie das Auftreten sexueller Interaktion zwischen den Tieren einer Gruppe in Anwesenheit und Abwesenheit von Nahrung. Dabei stellten sie ein erhöhtes Aufkommen von GG-rubbing zwischen Weibchen während der Fütterungszeiten fest. Hohmann & Fruth (2000) untersuchten in einer Freilandstudie in Lamako die Funktion von GG-rubbing und stellten die Hypothese auf, dass interindividuelle Spannungen durch diese sexuelle Interaktion abgebaut würden. Vergleichende Beobachtungen stellten sie an zwei Futterstellen an, welche sich durch die Anzahl der reifen Früchte unterscheiden. An *Irvingia gabonensis* (wilde Mango) finden sich viele reife Früchte zur gleichen Zeit. An *Treculia africana* (afrikanischer Brotfruchtbaum) stehen hingegen nur ein bis drei Früchte gleichzeitig in Reife. Die wenigen Früchte von Treculia stellen damit eine leicht zu monopolisierende Nahrung dar, welche von vielen Tieren aufgrund ihrer Seltenheit begehrt wird. In Fütterungssituationen an Treculia wurde ein erhöhtes Aufkommen von GG-rubbing im Vergleich zu Irviginia verzeichnet. Weiter wurden die GG-Kontakte an Treculia nach dem Gesichtspunkt klassifiziert, welche Position bezüglich der Nahrung die Partizipanten an einem GG-Kontakt hatten. Tiere, die eine Frucht für sich monopolisieren konnten, wurden als *Owner* und Tiere, die Interesse daran zeigten, als *Bystander* bezeichnet. Es wurde GG-Kontakt in der Konstellation Owner-Bystander und Bystander-Bystander dokumentiert. Bezüglich der Häufigkeit beider Konstellationen ergab sich ein signifikanter Unterschied zugunsten des

Owner-Bystander-Kontaktes. Für die hier vorliegende Arbeit werden auf Basis dieser Ergebnisse folgende Prognosen gestellt.

<u>Prognose 1</u>

a) In Anwesenheit einer leicht zu monopolisierenden, begehrten Nahrung kommt es häufiger zu GG-rubbing im Vergleich zur Abwesenheit dieser Nahrung.

b) In Anwesenheit einer leicht zu monopolisierenden, begehrten Nahrung kommt es häufiger zu GG-rubbing zwischen einem Owner und einem Bystander als zwischen Ownern oder Bystandern untereinander.

3.2 Aufforderung zum GG-rubbing

Parish (1994) dokumentierte in einer experimentellen Studie unter Verwendung eines künstlichen Termitenhügels den individuellen „Fischerfolg" einzelner Tiere. Ebenfalls verzeichnete sie die Anzahl der Aufforderungen zum sexuellen Kontakt und an welche Tiere diese gerichtet waren. Vergleicht man die Ergebnisse beider Teile dieser Studie, wird deutlich, dass die Tiere mit dem größten Fischerfolg auch am häufigsten zum sexuellen Kontakt aufgefordert wurden. Die Tiere, die nur sehr selten am Termitenhügel fischten, wurden hingegen nur selten zur sexuellen Interaktion aufgefordert. Als Anzeichen für den Einsatz von GG-rubbing im Sinne von "Sex-for-Food-Exchange" soll deshalb die Aufforderung zum GG-rubbing durch einen Bystander untersucht werden. Unter Berücksichtigung der Ergebnisse von Parish (1994) wird folgende Prognose gestellt.

3.3 Cofeeding

Cofeeding bezeichnet das Fressen eines Tieres von einer Nahrung, die schon durch ein anderes Tier monopolisiert werden konnte, ohne das Auftreten physischer Aggression. Parish (1994) machte während ihrer Untersuchungen zum Aufkommen von *Cofeeding* folgende Beobachtung: „*Other females interested in fishing would approach, give a sexual solicitation, engage in GG-rubbing with the fishing female, and then peacefully begin to cofeed.*" (Parish, 1994, S. 172). Hohmann & Fruth (1996) dokumentierten Cofeeding-Ereignisse beim Fressen von begehrter Nahrung (Treculia, Anonidium) in freier Wildbahn. Abgesehen vom Teilen mit unselbstständigem Nachwuchs, welches hier vernachlässigt werden kann, teilten Weibchen untereinander mit Abstand am häufigsten die Nahrung. In 8 von 21 Cofeeding-Episoden[3] traten sexuelle Interaktionen zwischen den beteiligten Tieren auf. Es wurden insgesamt 21 sexuelle Kontakte dokumentiert von denen 15 in Form von GG-rubbing zwischen weiblichen Ownern und Bystandern auftraten. Aus der Studie geht nicht hervor, ob der sexuelle Kontakt im Sinne eines "Sex-for-Food-Exchange" zeitlich dem Cofeeding vorausgegangen war. Hohmann & Fruth (2000) stellten jedoch in Aussicht, dass GG-rubbing zwischen Owner und Bystander einen positiven Effekt auf den Zugang des Bystanders zur Nahrung haben könnte. Ihre Vermutung stützten sie auf eine Studie von Furuichi (1989), in der beobachtet wurde, dass Weibchen, die GG-rubbing mit einem Owner ausübten, sich in geringerer Entfernung zur monopolisierten Nahrung aufhalten konnten als Weibchen, die kein GG-rubbing ausgeübt hatten. Dies wiederum könnte die Chancen für Cofeeding erhöhen. Im Hinblick auf diese Vermutung soll untersucht werden, ob der Zugang eines

---

[3] Eine Episode bezeichnet hier die Dauer vom ersten Cofeeding-Ereignis bis zum völligen Verzehr der Nahrung oder einem Owner-Wechsel.

Bystanders zur Nahrung häufiger ist, wenn zuvor GG-rubbing zwischen Owner und Bystander stattgefunden hat.

<u>Prognose 3</u>

Cofeeding zwischen einem Owner und einem Bystander tritt häufiger ein, wenn unmittelbar zuvor GG-rubbing zwischen diesen Tieren stattgefunden hat.

---

4 Material und Methoden

4.1 Versuchstiere

Während des Beobachtungszeitraumes wurden im Frankfurter Zoo insgesamt 15 Bonobos gehalten. Die Gruppe setzte sich aus sieben adulten, zwei subadulten Tieren und sechs Jungtieren zusammen. In Tabelle 1 finden sich nähere Informationen über Geschlecht, Geburtsjahr, Verwandtschaftsrelation und Ankunftsjahr im Zoo Frankfurt. Da in dieser Arbeit das Aufkommen von GG-rubbing in Verbindung mit Cofeeding untersucht wurde, setzte sich die Experimentalgruppe aus den sechs adulten Weibchen Margrit, Natalie, Ukela, Kamiti, Kutu und Zomi und dem subadulte Weibchen Haiba zusammen.

Tabelle 1: Bonobo-Gruppe des Zoo Frankfurt.

Name	Geschlecht	Geburts-jahr	Altersklasse	Verwandtschaft ersten Grades	im Zoo Frankfurt seit
Margrit	♀ (f)	1952	senior (SE)	Ziehmutter von Kelele	1959 *
Natalie	♀ (f)	1966	adult (A)	Mutter von Ukela, Heri, Nyota	1970 *
Ukela	♀ (f)	1985	adult (A)	Tochter von Natalie; Mutter von Haiba, Nakala	1985
Ludwig***	♂ (m)	1984	adult (A)	Vater von Haiba, Heri, Kelele, Nyota, Nakala, Omanga,	1999
Kamiti	♀ (f)	1987	adult (A)	Mutter von Omanga	2002
Kutu	♀ (f)	1998	adult (A)	Mutter von Pangi	2005
Zomi	♀ (f)	1998	adult (A)	Ziehmutter von Bili	2005
Heri***	♂ (m)	2001	sub-adult (S)	Sohn von Natalie	**
Haiba	♀ (f)	2001	sub-adult (S)	Tochter von Ukela	**
Kelele***	♂ (m)	2004	juvenil (J)	Sohn von Salonga † (Ziehkind von Margrit)	**
Nyota***	♂ (m)	2007	juvenil (J)	Sohn von Natalie	**
Nakala***	♀ (f)	2007	juvenil (J)	Tochter von Ukela	**
Omanga***	♀ (f)	2008	juvenil (J)	Tochter von Kamiti	**
Bili***	♂ (m)	2008	juvenil (J)	- (Ziehkind von Zomi)	2009
Pangi***	♀ (f)	2008	infantil (I)	Tochter von Kutu	**

Name, Geschlecht, Geburtsjahr, Verwandtschaftsrelation, Herkunftsort und Jahr der Ankunft im Frankfurter Zoo der untersuchten Bonobo-Gruppe zum Zeitpunkt der Datenaufnahme.

* Wildfang
** geboren im Zoo Frankfurt
*** nicht in die Datenanalyse mit einbezogen.

4.2 Haltung der Versuchstiere

4.2.1 Gehege

Das Bonobo-Gehege im Innenbereich ist in 2 separate Schauanlagen von 160m²
und 94m² geteilt. Diese sind durch Kunstfelsen und Stahlgitternetze voneinander
abgetrennt. Der Kunstfelsen ist durch ein 2,5m breites und 3m hohes Gitter, ein
Glasfenster und zwei Hydraulikschieber unterbrochen, sodass die Tiere an Gitter
und Glasfenster Kontakt zueinander aufnehmen können. Die Schauanlage ist zum
Besucherbereich durch Sicherheitsglas und ab einer Höhe von ca. 3m mit
Stahlgitternetzen abgetrennt. In beiden Teilgehegen befinden sich für die Tiere
zugängliche Emporen von ca. 1,5m Breite, die vom Zuschauerraum nur teilweise
zu sehen sind. Die Emporen sind einseitig nur durch ein Stahlgitternetz von einem
den Pflegern zugänglichen Bereich getrennt. In den Schaugehegen befinden sich
Klettervorrichtungen aus Totholz und Seilen. An den Gehegewänden angebrachte
flache Stahlkörbe dienen den Tieren als Schlafnester. Außerhalb des
Schaubereichs befinden sich sechs kleinere Abtrenngehege. Sie sind durch
Hydraulikschieber untereinander und jeweils mit der Schauanlage verbunden. Das
Außengehege mit einer Größe von 1030 m² war den Tieren zum Zeitpunkt der
Datenerhebung nicht zugänglich.

Um die den Tieren natürliche Fission-Fusion-Organisation auch in Gefangenschaft nachzuempfinden, wurden die Tiere die meiste Zeit in zwei getrennten
Gruppen gehalten und nur zeitweise zu einer Großgruppe durch die Verbindung
beider Schaugehege zusammengefügt. Da das subadulte Männchen Heri negativ
auf das Jungtier Bili reagierte, wurde die Zusammenführung nur sehr selten
durchgeführt. Zudem zeigte das subadulte Weibchen Haiba zunehmend sexuelles
Interesse an ihrem Vater Ludwig und ihrem Halbbruder Heri, sodass die Pfleger
zur Vermeidung der inzestuösen Reproduktion auf die Fusion der Gruppen
größtenteils verzichteten. Somit wurden die Tiere überwiegend in zwei Gruppen
mit beständiger Gruppenkonstellation wie folgt gehalten:

<u>Gruppe 1</u>: Ludwig, Margrit, Heri, Kelele, Kutu, Pangi

<u>Gruppe 2</u>: Natalie, Ukela, Kamiti, Zomi, Haiba, Nyota, Nakala, Bili, Omanga.

25

4.2.2 Reguläre Fütterungen

Die Tiere wurden viermal am Tag gefüttert, wobei die Hauptfütterungen am Morgen im Schaugehege und am Abend in den Abtrenngehegen stattfanden. Der morgendlich gegebene Brei und der Snack zu Mittagszeit sollten eher als Nebenfütterungen bezeichnet werden. Da das Jungtier Bili von seiner Ziehmutter Zomi nicht gestillt wurde, musste er dreimal täglich mit Milch aus einer Babyflasche durch das Gitter auf der Empore gefüttert werden. Zur Ablenkung der anderen Tiere wurden hierzu Erdnüsse verteilt. Wasser ist *ad libitum* durch den Tieren stets zugängliche Wasserspender vorhanden.

Brei

Die Tiere bekamen jeden Morgen zwischen 7.30 und 8.00 Uhr in den Abtrenngehegen von den Pflegern einen pürierten Brei gefüttert. Die Zusammensetzung des Breies variierte täglich, enthielt dabei aber immer Nährhefe und ein Mineralfuttermittel. Einmal pro Woche wurde zusätzlich ein Multivitamin- und ein Eisenpräparat hinzugefügt. Mögliche Zutaten für den Brei waren: Kleie, Sojaschrot, Reis, Quark, Molkepulver, Honig, Möhren, Äpfel, Rosenkohl, Bananen, Rote Beete, Steckrübe, Rosinen, Kakao.

Fütterung morgens

Nach der morgendlichen Reinigung der Schauanlage wurden verschiedene Gemüsesorten darin verteilt. Die Zusammenstellung der Gemüsesorten variierte täglich. Zur Fütterung verwendete Gemüsesorten waren: Blattsalat, Chicorée, Chinakohl, Rosenkohl, Schlangengurke, Tomate, Paprika, Rote Beete, Brokkoli, Fenchel, Karotten, Kohlrabi, Sellerie, Rettich, Lauch, Zwiebeln. Einmal pro Woche bestand die morgendliche Fütterung nur aus Blattsalat. Die Tiere bekamen zwischen 9.00 und 10.00 Uhr Zugang zu der Anlage.

<u>Snack</u>

Die Fütterung am Mittag wurde zwischen 12.30 und 13.00 Uhr durch das Stahlgitternetz an der Empore der Schauanlage gegeben. Sie diente vorwiegend zur Beschäftigung der Tiere, da die Nahrung nicht direkt ins Gehege gegeben wurde, sondern von den Tieren durch das Stahlgitternetz hindurch gezogen werden musste. Für gewöhnlich wurde den Tieren an jedem Tag der Woche etwas anderes angeboten, darunter Ananas, Honigmelone, Grapefruit, Maisstauden, Rosinen und Sonnenblumenkernen. Einmal pro Woche wurde der Bedarf an tierischem Eiweiß durch gekochtes Rindfleisch oder Eier gedeckt, welche aufgrund der gleichen Verteilung direkt an die Tiere gereicht wurde.

<u>Fütterung abends</u>

Die Fütterung abends fand zwischen 16.00 und 17.00 Uhr in den Abtrenngehegen statt und bestand größtenteils aus Obstsorten, wie Apfel, Birne, Kiwi, Grapefruit, Bananen, Orangen, Zitronen, Weintraube, Honigmelone, Ananas. Die Tiere hatten während der Fütterung freien Zugang zu Abtrenngehege und Schauanlage.

4.3 Versuchsmaterialien

Zur Herstellung einer Fütterungssituation mit leicht monopolisierbarer, begehrter Nahrung wurde der Versuchsaufbau dem von Parish, 1994 nachempfunden. Termitenhügel wurden in Form von Kunststoffkästen von 100 cm Länge, 40 cm Höhe und 60 cm Breite imitiert. Auf der Vorderseite befanden sich runde Öffnungen mit einem Durchmesser von 1,5 cm, an deren Rückseite im Inneren des Kastens Reagenz-Röhren aus Kunststoff von 50ml angeschraubt werden konnten. Die Röhrchen wurden mit Nahrung breiiger Konsistenz, wie Honig, Marmelade, Apfelkompott, Baby-Brei, Senf, Ketchup, Fruchtjoghurt, Quark gefüllt. Um Habituation der Tiere an die Nahrung zu vermeiden und den Termitenhügel dauerhaft attraktiv zu halten, wurde der Inhalt der Röhrchen täglich variiert. Es wurde pro Kasten und Datenerhebungsphase nur ein Reagenz-Röhrchen angebracht, um die Möglichkeit einer Monopolisierung durch ein einzelnes Tier zu gewährleisten. Die Kästen wurden außerhalb des Geheges direkt vor dem Stahlgitternetz auf der Empore aufgestellt, sodass die Tiere dünne Äste durch das Gitter in die Öffnungen stecken konnten. Zu Beginn der Datenerhebungsphase wurden ebenfalls Äste vor das Gitter geworfen, welche sich die Tiere durch die Zwischenräume ins Gehege ziehen konnten. Durch Abbrechen und Abschälen konnten diese zu „Angelwerkzeugen" modifizieren werden. Jedes Tier hatte gleichermaßen Zugang zu den Kästen, da sich alle zum Zeitpunkt der Datenerhebung in den Schaugehegen befanden und jedes Tier in der Lage war, auf die Emporen zu gelangen.

Abbildung 3. Bonobos des Frankfurter Zoo beim „Fischen an einem künstlichen Termitenhügel" auf den Emporen der Schaugehege.

4.4 Methoden

Die Datenerhebung fand vom 28. Februar bis zum 20. März 2010 zwischen 7.30 und 17.00 Uhr im Menschenaffenhaus des Frankfurter Zoos statt. Es wurde insgesamt 70 Stunden Datenmaterial gesammelt. Dieses beinhaltet 17,5 Stunden Videodokumentation der Fütterung am künstlichen Termitenhügel und 52,5 Stunden Kontrolldaten, welche mit klassischen Methoden aufgenommen wurden. Pro Tag wurde von jeder Teilgruppe ein komplettes Datenset bestehend aus 30 Minuten Fütterung am Termitenhügel (*Feeding*) und 90 Minuten Kontrolldaten bestehend aus je 30 Minuten *Baseline*, *Prefeeding* und *Postfeeding*[4], aufgezeichnet. Alle Daten wurden im *all-occurrence-sampling* (Altmann, 1974) aufgenommen. Es wurde sowohl das Auftreten von GG-rubbing und Cofeeding für jedes Datenset als auch für jedes Individuum dokumentiert. Die Auswertung der

---

[4] Siehe 4.4.1 Prognose 1a: Häufigkeit von GG-rubbing

Daten erfolgte mit SPSS 17.0 und Excel 2007. Alle angewandten statistischen Verfahren finden sich in Bortz (2005). Zum besseren Verständnis der für die Untersuchung relevanten Begriffe sollen diese in der nachstehenden Terminologie genauer erläutert werden.

Terminologie

- *Owner*: Ein Tier wird als Owner der im künstlichen Termitenhügel befindlichen Nahrung bezeichnet, wenn es über einen Zeitraum von mindestens 30 Sekunden mit einem Ast Nahrung aus der Öffnung fördert und diese frisst.

- *Bystander:* Ein Tier wird als Bystander bezeichnet, wenn es eindeutiges Interesse an der Nahrungsquelle zeigt. Als Anzeichen für das Interesse an der Nahrungsquelle werden eine oder mehrere der folgenden Verhaltensweisen gewertet:
    - Starren auf die Nahrungsquelle oder die daraus geförderte Nahrung
    - Berühren der Öffnung oder des Astes, der zeitgleich vom Owner zum „Fischen" verwendet wird
    - Wegdrängen anderer Tiere, die sich um die Öffnung des Kastens aufhalten

- *Aufforderung zum GG-Kontakt:* Bezeichnet das Verhalten mit dem ein Tier einen GG-Kontakt mit einem anderen initiiert. Als Aufforderung werden eine oder mehrere der folgenden Verhaltensweisen gewertet:
    - seitlicher Wiegeschritt mit aufrechtem Oberkörper und ausgestreckten Armen
    - Drängen und Ziehen an Schulter oder Hüfte eines Tieres
    - Präsentation der Geschlechtsteile
    - Schnelle Seitwärts-Bewegungen mit der Genitalschwellung

- *Cofeeding:* Als Cofeeding wird das Teilen der Nahrung durch abwechselndes Eintauchen des Astes in die Öffnung bezeichnet. Ist ein Tier Owner und wird nach Überlassen der Nahrungsquelle zum Bystander (zeigt also noch Interesse an der Nahrung) wird dies ebenfalls als Cofeeding gewertet.

4.4.1 Prognose 1 a: Häufigkeit von GG-rubbing

Um zu untersuchen, ob sich in Anwesenheit einer leicht zu monopolisierenden, begehrten Nahrung die Anzahl von GG-rubbing-Ereignissen im Vergleich zur Abwesenheit dieser Nahrung erhöht, wurde die Datenaufnahme in vier Phasen unterschieden (Baseline, Prefeeding, Feeding, Postfeeding), entsprechend einem Datenset. Die Dauer der Phasen wurde aufgrund von Vorversuchen festgelegt. Sie entspricht der Zeit, die die Tiere zur vollständigen Entleerung des Kunststoff-röhrchens benötigten.

- *Baseline:* 30 min Beobachtung in einem Zeitraum, in dem sich keine oder nur wenig Nahrung im Gehege befand und der zeitlich entfernt von den regulären Fütterungen gewählt wurde (nahrungsferner Zeitpunkt).

- *Prefeeding:* 30 min Beobachtung unmittelbar vor der Feeding-Phase.

- *Feeding:* 30 min Beobachtung während die Tiere Zugang zum Termitenhügel hatten.

- *Postfeeding:* 30 min Beobachtung unmittelbar nach der Feeding-Phase.

Die Häufigkeiten von GG-rubbing aus Baseline, Prefeeding und Postfeeding wurden jeweils mit der Feeding-Phase verglichen (Wilcoxon Signed Ranks Test).

4.4.2 Prognose 1b: Häufigkeit von Owner-Bystander-Kontakt

Die in der Feeding-Phase auftretenden GG-rubbing-Ereignisse wurden wie folgt kategorisiert:

- Owner-Bystander-Kontakt (OB-Kontakt):
  GG-rubbing zwischen einem Owner und einem Bystander.

- Bystander-Bystander-Kontakt (BB-Kontakt): GG-rubbing zwischen einem Bystander und einem zweiten Bystander:
- Owner-Owner-Kontakt (OO-Kontakt): GG-rubbing zwischen zwei Tieren die bereits Cofeeding miteinander ausüben.

Die Häufigkeiten von GG-rubbing obiger Kategorien wurden jeweils miteinander verglichen (Wilcoxon Signed Ranks Test).

4.4.3 Prognose 2: Aufforderung zum Owner-Bystander-Kontakt

Es wurde in allen OB-Kontakten dokumentiert, ob die Aufforderung zum GG-rubbing vom Owner oder vom Bystander ausging. GG-rubbing-Ereignisse wurden in folgenden Kategorien dokumentiert:

- Aufforderung durch Owner
- Aufforderung durch Bystander

Die Anzahl der Ereignisse in den Kategorien „Aufforderung durch Owner" und „Aufforderung durch Bystander" wurden miteinander verglichen (Wilcoxon Signed Ranks Test).

4.4.4 Prognose 3: Cofeeding

Es wurden Auftreten und Ausbleiben von Cofeeding nach einem Owner-Bystander-Kontakt dokumentiert. Des Weiteren wurden alle Cofeeding-Ereignisse ohne vorausgegangenes GG-rubbing aufgenommen.

- Cofeeding nach OB-Kontakt
- Kein Cofeeding nach OB-Kontakt
- Cofeeding ohne OB-Kontakt

Die Häufigkeit der Ereignisse in der Kategorie „Cofeeding nach OB-Kontakt" wurde jeweils mit den beiden anderen Kategorien verglichen (Wilcoxon Signed Ranks Test).

Es wurde weiter untersucht, ob es einen linearen Zusammenhang zwischen der Häufigkeit des Auftretens und Ausbleibens von Cofeeding und der Auftretenshäufigkeit von GG-rubbing im OB-Kontakt gibt. Hierzu wurden die Kategorien „Cofeeding nach OB-Kontakt" und „kein Cofeeding nach OB-Kontakt" jeweils mit der Anzahl der GG-rubbing-Ereignisse jedes Datensets korreliert (Pearson's Produkt-Moment-Korrelation).

5 Ergebnisse

5.1 Allgemeine Beschreibung

Für alle statistischen Verfahren wurde ein Alpha-Niveau von $\alpha = 0.05$ festgelegt. Alle Häufigkeitsvergleiche wurden mit dem Wilcoxon Signed Ranks Test für nichtparametrische Daten gerechnet. Die Korrelation wurden mit der Produkt-Moment-Korrelation nach Pearson erstellt.

Über den gesamten Beobachtungszeitraum wurden insgesamt 131 GG-rubbing-Ereignisse und 98 Cofeeding-Ereignisse beobachtet. Tabelle 2 zeigt das Auftreten von GG-rubbing und Cofeeding in jedem Datenset, bestehend aus Baseline, Prefeeding, Feeding und Postfeeding.

Tabelle 2. Anzahl der GG-Kontakte und Cofeeding-Ereignisse der weiblichen Bonobos des Zoo Frankfurt für jedes Datenset. n = Anzahl der Ereignisse. $\sum$ = Anzahl der Ereignisse in allen Datensets

Tag/ Datenpaar	GG-rubbing während der Phase				GG-rubbing während Feeding-Phase in			Solicitation durch*		Cofeeding*		
	Baseline	Prefeeding	Feeding	Postfeeding	Owner-Bystander-Kontakt	Bystander-Bystander-Kontakt	Owner-Owner-Kontakt	Owner	Bystander	Cofeeding post GG-rubbing	kein Cofeeding post GG-rubbing	Cofeeding ohne GG-rubbing **
	(n)	(n)	(n)	(n)	(n)	(n)	(n)	(n)	(n)	(n)	(n)	(n)
1/1	0	0	9	0	7	0	2	4	3	0	7	2
1/2	0	0	3	0	1	2	0	0	1	0	1	5
2/1	0	0	4	0	2	1	1	1	1	0	2	4
2/2	0	0	1	0	1	0	0	0	1	0	1	4
3/1	0	0	2	0	1	1	0	0	1	0	1	7
3/2	0	0	2	0	2	0	0	1	1	1	1	2
4/1	0	0	0	0	0	0	0	0	0	0	0	2
4/2	0	0	0	0	0	0	0	0	0	0	0	4
5/1	0	0	0	0	0	0	0	0	0	0	0	0
5/2	0	0	6	0	1	5	0	1	0	0	1	1
6/1	2	0	7	0	6	0	1	0	6	1	5	4
6/2	0	0	0	0	0	0	0	0	0	0	0	0
7/1	3	0	0	0	0	0	0	0	0	0	0	0
7/2	0	0	6	0	2	3	1	1	1	2	0	2
8/1	0	0	8	0	3	5	0	3	0	0	3	3
8/2	0	0	0	0	0	0	0	0	0	0	0	0
9/1	0	0	0	0	0	0	0	0	0	0	0	0
9/2	0	0	12	0	2	10	0	1	1	1	1	3
10/1	0	1	10	0	6	4	0	4	2	2	4	3
10/2	0	0	0	0	0	0	0	0	0	0	0	0
11/1	0	0	0	0	0	0	0	0	0	0	0	0
11/2	0	0	8	0	3	1	4	0	3	1	2	8
12/1	0	0	5	0	3	1	1	2	1	1	2	4
12/2	0	0	0	0	0	0	0	0	0	0	0	0
13/1	0	0	0	0	0	0	0	0	0	0	0	0
13/2	0	0	8	0	6	1	1	3	3	0	6	5
14/1	0	0	2	0	1	0	1	0	1	0	1	5
14/2	0	0	0	0	0	0	0	0	0	0	0	3
15/1	1	0	9	0	8	1	0	2	6	2	6	5
15/2	0	0	0	0	0	0	0	0	0	0	0	0
16/1	0	0	9	0	4	5	0	3	1	0	4	8
17/1	1	0	0	0	0	0	0	0	0	0	0	0
17/2	0	0	3	0	0	3	0	0	0	0	0	0
18/1	0	0	9	0	5	4	0	1	4	1	4	2
18/2	0	0	0	0	0	0	0	0	0	0	0	0
$\sum$	7	1	123	0	64	47	12	27	37	12	52	86

* im Owner-Bystander-Kontakt

** Cofeeding kann dyadisch oder polyadisch sein.

34

Tabelle 3. GG-rubbing in Feeding-Phase

	Margrit	Natalie	Ukela	Kamiti	Kutu	Zomi	Haiba	
Margrit		0	0	1	0	0	0	
Natalie	0		0	3	1	30	0	
Ukela	0	0		16	1	5	0	
Kamiti	1	3	16		4	6	33	
Kutu	0	1	1	4		1	0	
Zomi	0	30	5	6	1		22	
Haiba	0	0	0	33	0	22		
Summe der Partizipation am GG-Kontakt	1	34	22	63	7	64	55	$\sum$246

Anzahl der individuellen Genital-Kontakte in der Feeding-Phase in allen Paarkonstellationen (n=21) in der Feeding-Phase mit der resultierenden Summe für jedes Individuum. $\sum$ = Summe der Partizipation am GG-Kontakt.

Tabelle 3 und das Soziogramm in Abbildung 4 zeigen das Auftreten von GG-rubbing in der Feeding-Phase in allen möglichen Paarkonstellationen. Jedes Weibchen hatte mindestens einen sexuellen Kontakt. Am seltensten war Margrit in sexuelle Interaktion involviert. Die Paare mit meisten sexuellen Kontakten waren Kamiti & Haiba und Natalie & Zomi.

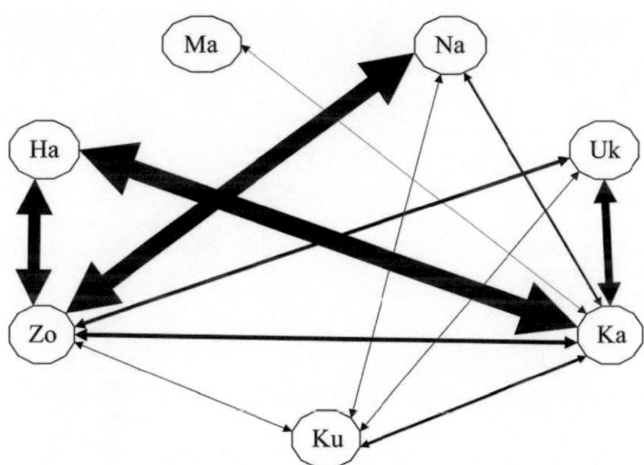

Abbildung 4. Soziogramm der GG-Kontakte (bidirektional; Dicke der Pfeile repräsentiert Anzahl der GG-Kontakte) in der Feeding-Phase. Tiere: (Ma) = Margrit; (Na) = Natalie; (Uk) = Ukela; (Ka) = Kamiti; (Ku) = Kutu; (Zo) = Zomi; (Ha) = Haiba.

Tabelle 4. Cofeeding in der Feeding-Phase

	Margrit	Natalie	Ukela	Kamiti	Kutu	Zomi	Haiba	Summe Cofeeding als Bystander
Margrit		0	0	0	0	0	0	0
Natalie	0		13	22	6	3	0	44
Ukela	0	6		9	5	3	2	25
Kamiti	1	11	9		6	4	3	34
Kutu	1	4	2	2		1	0	10
Zomi	0	4	2	1	0		0	7
Haiba	0	3	1	9	0	0		13
Summe Cofeeding als Owner	2	28	27	43	17	11	5	$\sum$133

Anzahl der Partizipation an Cofeeding-Ereignissen in der Feeding-Phase in allen Paarkonstellationen (n = 21) insgesamt (nach GG-Kontakt und ohne GG-Kontakt) mit der resultierenden Summe für jedes Individuum. Zeilen repräsentieren die Partizipation an Cofeeding-Ereignisse in der Position Bystander. Spalten repräsentieren die Partizipation an Cofeeding-Ereignissen in der Position Owner. $\sum$ = Summe der Partizipation an Cofeeding-Ereignissen.

In Tabelle 4 und Abbildung 5 ist das Aufkommen von Cofeeding-Ereignissen insgesamt in allen möglichen Paarkonstellationen dokumentiert. Überdies hinaus wird ersichtlich, welches Tier als Owner (abgehender Pfeil) und welches als Bystander Cofeeding (ankommender Pfeil) ausübte. Jedes Tier war mindestens ein Mal an Cofeeding beteiligt. Das Weibchen Margrit war am seltensten in Cofeeding involviert. Das Soziogramm stellt deutlich heraus, dass die Tiere Natalie, Ukela und Kamiti am häufigsten miteinander die Nahrung teilten.

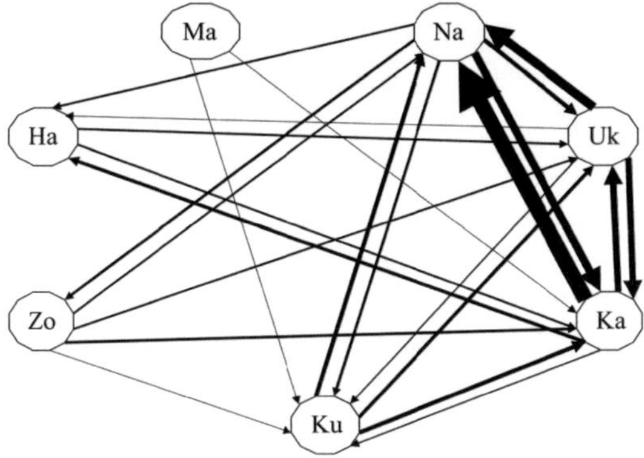

Abbildung 5. Soziogramm der Cofeeding-Ereignisse (unidirektional; Dicke der Pfeile repräsentiert die Anzahl der Cofeeding-Ereignisse; abgehender Pfeil = Tier agiert als Owner; ankommender Pfeil = Tier agiert als Bystander) in der Feeding-Phase. Tiere: (Ma) = Margrit; (Na) = Natalie; (Uk) = Ukela; (Ka) = Kamiti; (Ku) = Kutu; (Zo) = Zomi; (Ha) = Haiba.

5.2 Prognose 1a: Häufigkeit von GG-rubbing

In Abbildung 6 ist die Anzahl von GG-rubbing-Ereignissen in den Phasen Baseline, Prefeeding, Feeding, Postfeeding dargestellt. Die Häufigkeit von GG-rubbing in der Feeding-Phase wurde jeweils mit der Baseline-, Prefeeding- und Postfeeding-Phase verglichen (Feeding vs. Baseline; Feeding vs. Prefeeding; Feeding vs. Postfeeding). GG-rubbing-Ereignisse waren signifikant häufiger in der Feeding-Phase als in Baseline ($Z = -3,837$; $p < 0.001$), Prefeeding ($Z = -3,930$; $p < 0.001$) und Postfeeding ($Z = -3,927$; $p < 0.001$). Für die Feeding-Phase ergab sich eine durchschnittliche Rate von GG-rubbing von sieben Kontakten pro Stunde. Die stündliche Rate von GG-rubbing pro Tier beträgt damit einen Kontakt. Für die Baseline ergab sich lediglich eine durchschnittliche Rate von GG-rubbing von 0,4 Kontakten pro Stunde und damit eine stündliche Rate von 0,05 Kontakten pro Tier. Die Raten aus der Prefeeding-Phase liegen noch weit unter denen der Baseline. In der Postfeeding-Phase konnte kein GG-rubbing beobachtet werden.

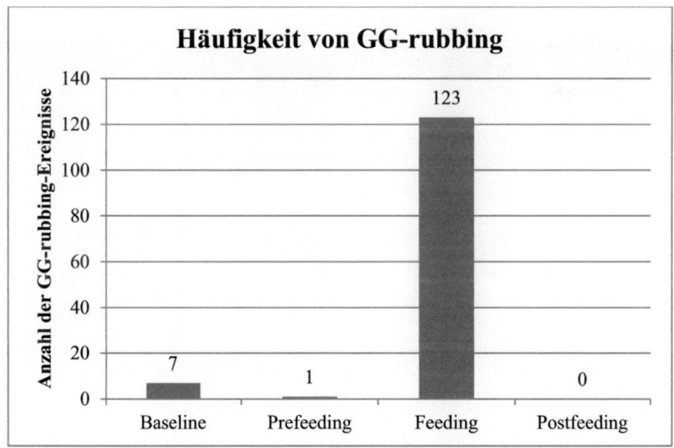

Abbildung 6. Verteilung der GG-rubbing-Ereignisse in den Phasen Baseline, Prefeeding, Feeding, Postfeeding (n = Anzahl der Stunden pro Phase; Baseline n = 17,5, Prefeeding n=17,5, Feeding n=17,5, Postfeedig n= 17,5).

5.3 Prognose 1b: Häufigkeit von Owner-Bystander-Kontakt

Abbildung 7 zeigt die Anzahl der GG-rubbing-Ereignisse der Feeding-Phase in den Kategorien „Owner-Bystander-, „Bystander-Bystander- und „Owner-Owner-Kontakt". Die Häufigkeiten der jeweiligen Kategorie wurden miteinander verglichen. (Owner-Bystander vs. Bystander-Bystander; Owner-Bystander vs. Owner-Owner; Bystander-Bystander vs. Owner-Owner). Es fanden sich signifikante Unterschiede zwischen den Häufigkeiten von GG-rubbing im Owner-Bystander-Kontakt und im Owner-Owner-Kontakt ($Z = -3,579$; $p < 0.001$). Ebenfalls unterschieden sich die Häufigkeiten von GG-rubbing im Bystander-Bystander-Kontakt und im Owner-Owner-Kontakt signifikant ($Z = -2,310$; $p < 0.05$). Der Vergleich der Häufigkeiten von Owner-Bystander- und Bystander-Bystander-Kontakten ergab hingegen keinen signifikanten Unterschied.

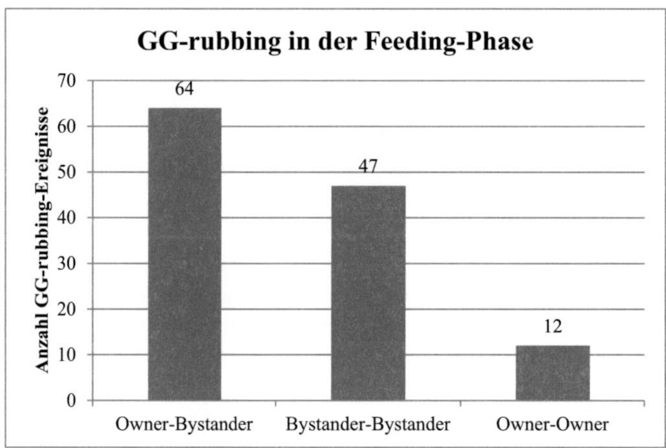

Abbildung 7. Verteilung der GG-rubbing-Ereignisse der Feeding-Phase in den Kategorien Owner-Bystander-, Bystander-Bystander- und Owner-Owner-Kontakt (GG-rubbing-Ereignisse der Feeding-Phase n =123).

5.4 Prognose 2: Aufforderung zum Owner-Bystander-Kontakt

In Abbildung 8 ist die Anzahl der GG-rubbing-Ereignisse im Owner-Bystander-Kontakt in den Kategorien „Aufforderung durch Bystander" und „Aufforderung durch Owner" dargestellt. Es wurden die Häufigkeiten der jeweiligen Kategorien miteinander verglichen. (Aufforderung durch Bystander vs. Aufforderung durch Owner). Es ergab sich kein signifikanter Unterschied zwischen den Häufigkeiten von „Aufforderung durch Bystander" und „Aufforderung durch Owner".

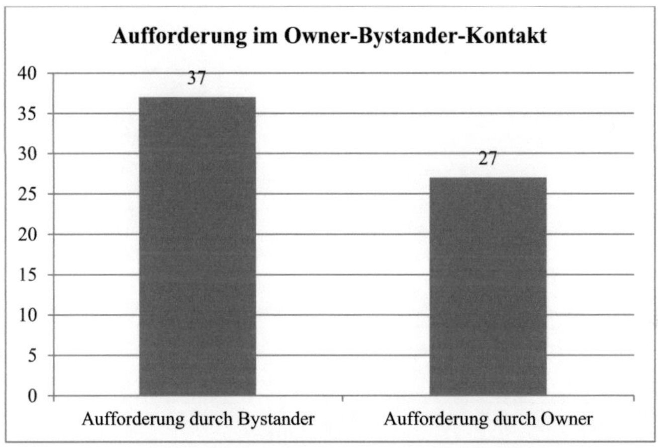

Abbildung 8. Verteilung der GG-rubbing-Ereignisse im Owner-Bystander-Kontakt in den Kategorien „Aufforderung durch Bystander" und „Aufforderung durch Owner" (GG-rubbing-Ereignisse im Owner-Bystander-Kontakt insgesamt n=64).

5.5 Prognose 3: Cofeeding

Abbildung 9 zeigt die Anzahl der GG-rubbing-Ereignisse im Owner-Bystander-Kontakt, auf die Cofeeding folgte und nach denen Cofeeding ausblieb. In Abbildung 10 ist die Anzahl der Cofeeding-Ereignisse dargestellt, die unmittelbar auf GG-rubbing zwischen Owner und Bystander folgte und die ohne vorausgegangenes GG-rubbing auftraten. Die Häufigkeit von „Cofeeding-nach-GG-rubbing" wurde mit den verbleibenden Kategorien verglichen (Cofeeding-nach-GG-rubbing vs. kein-Cofeeding-nach-GG-rubbing, Cofeeding-nach-GG-rubbing vs. Cofeeding-ohne-GG-rubbing). Es kam signifikant häufiger zum Ausbleiben von Cofeeding nach einem GG-Kontakt als zu dessen Auftreten ($Z = -3,225$; $p = 0.001$). Ebenfalls kam es signifikant häufiger ohne vorausgegangenen GG-Kontakt zum Cofeeding als mit vorausgegangenem GG-Kontakt ($Z = -4,028$; $p < 0.001$).

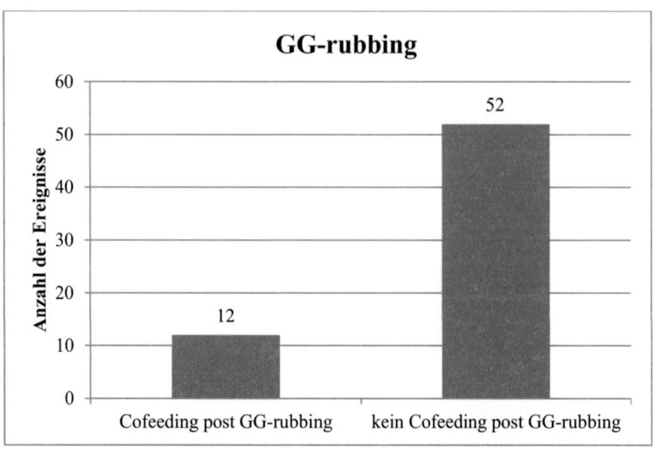

Abbildung 9. Anzahl der GG-rubbing-Ereignisse im Owner-Bystander-Kontakt in Abhängigkeit von darauffolgendem Cofeeding zwischen Owner und Bystander (Anzahl der GG-rubbing-Ereignisse im Owner-Bystander-Kontakt n =64).

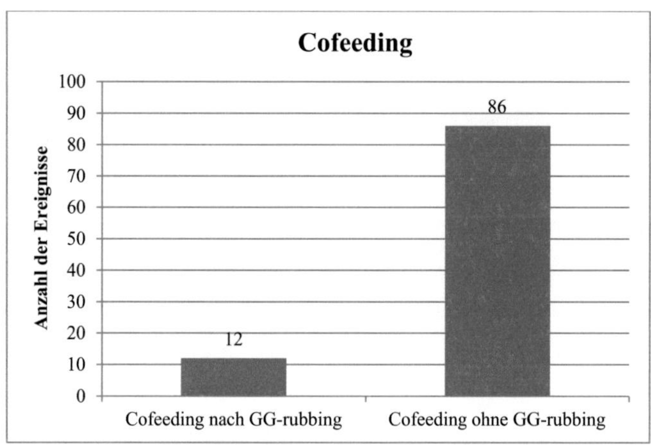

Abbildung 10. Anzahl der Cofeeding-Ereignisse in der Feeding-Phase in Abhängigkeit von vorausgegangenem GG-rubbing zwischen Owner und Bystander (Anzahl der Cofeeding-Ereignisse insgesamt n= 98).

In Abbildung 11 sind die Häufigkeiten von GG-rubbing im Owner-Bystander-Kontakt jeder Feeding-Phase in Abhängigkeit von Cofeeding in den Kategorien „Cofeeding-nach-GG-rubbing" und „kein-Cofeeding-nach-GG-rubbing" darge-stellt. Beide Kategorien korrelieren positiv mit dem Auftreten von GG-rubbing im Owner-Bystander-Kontakt. Es ergab sich ein mittlerer Zusammenhang (r = 0,60;

p < 0,01) zwischen GG-rubbing und Cofeeding. Zwischen GG-rubbing und dem Ausbleiben von Cofeeding zeigte sich ein sehr starker Zusammenhang   (r = 0,969; p < 0,01).

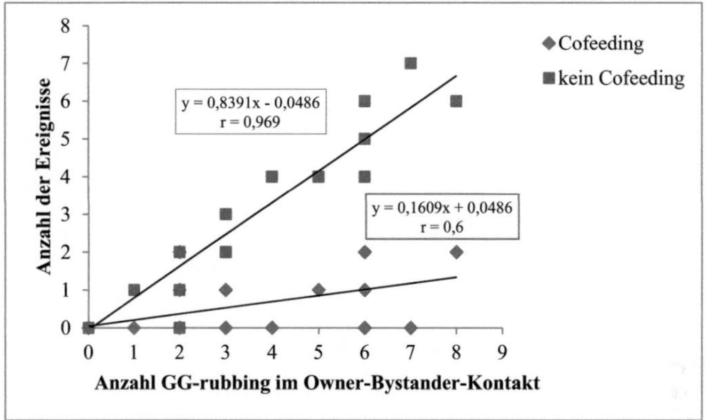

Abbildung 11. Anzahl der GG-rubbing-Ereignisse im Owner-Bystander-Kontakt in Abhängigkeit von anschließendem Cofeeding (Anzahl der Feeding-Phasen á 30 min n = 35).

6 Diskussion der Ergebnisse

6.1 Prognose 1a: Häufigkeit von GG-rubbing

Prognose 1a

In Anwesenheit einer leicht zu monopolisierenden, begehrten Nahrung kommt es häufiger zu GG-rubbing im Vergleich zur Abwesenheit dieser Nahrung.

Entsprechend der Prognose trat GG-rubbing in Anwesenheit einer leicht zu monopolisierenden, begehrten Nahrung häufiger auf als in Abwesenheit dieser Nahrung. Während der Feeding-Phase kam es zu einer stündlichen Rate von einem GG-Kontakt pro Tier. Dies liegt im Bereich der Ergebnisse von Paoli et al. (2007) mit einer stündlichen Rate 0,85 Kontakten pro Tier. Da GG-rubbing in der Feeding-Phase signifikant häufiger vorkam als in der vorausgehenden Prefeeding-Phase und der sich anschließenden Postfeeding-Phase, kann davon ausgegangen werden, dass die hohe Anzahl der Kontakte in der Feeding-Phase nicht zufällig durch eine allgemein erhöhte sexuelle Aktivität zum Zeitpunkt der Fütterung hervorgerufen wurde. Es kann demnach gefolgert werden, dass die Anwesenheit von Nahrung sexuelle Aktivität bei Bonobo-Weibchen hervorruft. Dies entspricht den Beobachtungen von Palagi, Paoli & Borgognini Tarli (2006), Paoli et al., (2007) und de Waal (1991). De Waal (1998) leitete daraus ab, dass soziale Spannung, die durch die Konkurrenz um Nahrung hervorgerufen werden, durch sexuelle Interaktion der Tiere abgebaut werden können. Dadurch blieben aggressive Auseinandersetzungen aus, wie sie z.B. häufig bei Schimpansen in Nahrungssituation beobachtet wurden (Parish, 1994; de Waal,1991).

6.2 Prognose 1b: Häufigkeit von Owner-Bystander-Kontakt

Prognose 1b

In Anwesenheit einer leicht zu monopolisierenden, begehrten Nahrung kommt es häufiger zu GG-rubbing zwischen einem Owner und einem Bystander als zwischen Ownern oder Bystandern untereinander.

Es stellte sich heraus, dass GG-rubbing häufiger zwischen einem Owner und einem Bystander vorkam als zwischen zwei Ownern. Trotz der hohen Anzahl an GG-rubbing-Ereignissen im Owner-Bystander-Kontakt waren diese nicht signifikant häufiger als Bystander-Bystander-Kontakte. Hohmann & Fruth (2000) fanden hingegen, dass in Feeding-Phasen Owner-Bystander-Kontakte signifikant häufiger waren als Bystander-Bystander-Kontakte ($p < 0.01$). Es wäre möglich, dass die Abweichungen von diesen Ergebnissen durch die wesentlich kleinere Stichprobe und kürzere Laufzeit der hier dargestellten Untersuchung zustande kam. Da sich GG-rubbing trotzdem in 52% der dokumentierten Ereignisse zwischen Owner und Bystander ereignete, sollte das hohe Aufkommen von Bystander-Bystander-Kontakten als maßgeblicher Faktor für die Abweichungen von den erwartenden Ergebnissen genauer betrachtet werden. Wie vielfach bestätigt wurde, fungiert GG-rubbing in der Anwesenheit von Nahrung als Verhaltensweise, die Spannungen unter den Tieren abzubauen vermag. Wie de Waal (1998) beschrieben hat, kommt es bei Bonobos allein schon durch die Präsentation von Nahrung zu sexueller Interaktion. Dies lässt vermuten, dass die Aufgeregtheit über die bevorstehende Nahrungsaufnahme und die Konkurrenz um die Nahrung bei den Tieren Spannung auslöst. Wenn man davon ausgeht, dass bei Weibchen in einer Bystander-Position aufgrund des verweigerten Zugangs zu einer permanent präsenten Nahrungsquelle ebenfalls Spannung aufkommt, ist es wahrscheinlich, dass die häufig auftretenden Bystander-Bystander-Kontakte dem Abbau dieser Spannung dienen. Auch das Auftreten von Owner-Owner-Kontakten könnte durch diese Funktion von GG-rubbing erklärbar sein. Zum einen kommt vermutlich auch bei den Ownern soziale Spannung auf, da sie eine begehrte Nahrung gegenüber anderen Tieren verteidigen müssen. Zum anderen wäre es möglich, dass sich die Owner untereinander ebenfalls in einer Situation von Nahrungskonkurrenz befinden und aufkommende Anspannung durch GG-rubbing untereinander abzubauen versuchen, was wiederum weiteres Cofeeding ermöglichen könnte. Eine dritte mögliche Erklärung beruht hauptsächlich auf den Ergebnissen von Parish (1994), die GG-Kontakt in Nahrungssituationen auch unter die Funktion der Erneuerung sozialer Bündnisse stellte. Owner könnten demnach durch diese Bündniserneuerung untereinander die Nahrung auch weiterhin gegenüber den Bystandern für sich beanspruchen, da sie sich gegenseitig bei deren Verteidigung unterstützen würden.

6.3 Prognose 2: Aufforderung zum Owner-Bystander-Kontakt

<u>Prognose 2</u>

Bei GG-rubbing zwischen einem Owner und einem Bystander erfolgt die Aufforderung zur sexuellen Interaktion häufiger durch den Bystander als durch den Owner.

Entgegen den Erwartungen waren GG-rubbing-Ereignisse, bei denen die Aufforderung durch den Bystander erfolgte, nicht signifikant häufiger als GG-rubbing-Ereignisse, die vom Owner initiiert wurden. Trotzdem sollte festgehalten werden, dass die Aufforderung in 58% der Fälle vom Bystander ausging und dieses Verhalten damit regelmäßig auftrat. Für das Auftreten von "Sex-for-Food-Exchange" kann deshalb gefolgert werden, dass Bystander zwar häufig GG-Kontakt initiierten, die Aufforderung zum GG-Kontakt durch einen Owner jedoch nur geringfügig seltener vorkam. Diese Beobachtung wirft die Frage auf, welche Vorteile sich für ein Weibchen mit monopolisierter Nahrung durch den GG-Kontakt mit einem Bystander ergeben. Eine der weiteren Funktionen von GG-rubbing betrachtend, nämlich die Reduktion von sozialer Spannung, lässt folgende Vermutung aufkommen. In der Anwesenheit von Nahrung treten auch Spannungen bei den Tieren auf, die eine Nahrung für sich monopolisieren konnten, weil sie von anderen Tieren aufgrund dieser Nahrung bedrängt werden (Blount, 1990). Wie Kano (1980) vermutete, könnte der vom Owner initiierte Kontakt dazu dienen, den Nahrungskonkurrenten zu beschwichtigen und das Aufkommen von Aggressivität verhindern. Der Owner wäre durch die Beschwichtigung seiner Konkurrenten damit in der Lage die Nahrung auch weiterhin für sich zu beanspruchen.

6.4 Prognose 3: Cofeeding

Prognose 3

Cofeeding zwischen einem Owner und einem Bystander tritt häufiger ein, wenn unmittelbar zuvor GG-rubbing zwischen diesen Tieren stattgefunden hat.

Die Untersuchungen zum Auftreten und Ausbleiben von direktem Cofeeding nach einem GG-rubbing-Ereignis ergaben signifikante Unterschiede zugunsten des Ausbleibens von Cofeeding. Cofeeding fand demnach nur in 19 % der Owner-Bystander-Kontakte statt. Es ließ sich zwar ein positiver linearer Zusammenhang für das gemeinsame Auftreten von Cofeeding und GG-rubbing feststellen, dieser war jedoch nur von mittlerer Ausprägung und damit wesentlich schwächer als der starke Zusammenhang des Ausbleibens von Cofeeding mit GG-rubbing. Ein direkter "Sex-for-Food-Exchange" wie ihn de Waal (1991) für heterosexuelle Kontakte beschrieben hat, fand zwischen Weibchen untereinander damit vergleichsweise selten statt. Cofeeding fand überdies hinaus wesentlich häufiger ohne einen vorausgegangenen GG-Kontakt statt. Dies könnte darauf hinweisen, dass ein zeitlich direkter Austausch von Nahrung zwar nicht erkennbar ist, sich jedoch im größeren zeitlichen Rahmen betrachtet dennoch eine Verbindung zwischen dem Auftreten von GG-Kontakt und Cofeeding erkennen lässt. Vergleicht man hierzu die Soziogramme für GG-Kontakt (Abbildung 4) und Cofeeding (Abbildung 5) wird jedoch deutlich, dass die Paare mit den häufigsten GG-Kontakten nur selten Cofeeding ausübten, während diejenigen Paare die selten sexuell interagierten, eine hohe Anzahl an Cofeeding-Ereignissen verzeichneten. Dieses Ergebnis legt die Vermutung nahe, dass es weitere soziale Mechanismen gibt, die Cofeeding beeinflussen. Zum Beispiel fand Parish (1994) eine positive Korrelation zwischen der Häufigkeit von Cofeeding und der Ranghöhe einzelner Tiere. Ranghohe Tiere verzeichneten dabei auch die höchsten Cofeeding-Raten. Bezüglich der hier gefundenen hohen Anzahl an Cofeeding-

Ereignissen unabhängig von GG-rubbing, wäre es möglich, dass sich auch diese teilweise zwischen ranghohen Tieren ereigneten. Da jedoch keine Daten über die Rangstruktur innerhalb der Gruppe erhoben wurden, bleiben dies nur Vermutungen. Wie Furuichi (1997) bezüglich der weiblichen Dominanz herausstellte, werden die höchsten Ränge meist von den ältesten Weibchen eingenommen. Tabelle 4 und Abbildung 5 ist zu entnehmen, dass die drei ältesten adulten Weibchen Natalie, Ukela und Kamiti am häufigsten miteinander die Nahrung teilten. Das Soziogramm in Abbildung 4 zeigt, dass diese Tiere wiederum nur sehr selten GG-rubbing untereinander ausübten. Unter der Annahme, dass diese Tiere die höchsten Ränge besetzen, kann vermutet werden, dass das Auftreten von Cofeeding zwischen bestimmten Individuen ebenfalls durch deren sozialen Rang beeinflusst wird.

7 Fazit

Ziel dieser Arbeit war es, weitere Erkenntnisse über das Auftreten von "Sex-for-Food-Exchange" zwischen weiblichen Bonobos zu erlangen. Es konnte gezeigt werden, dass sowohl GG-rubbing als auch Cofeeding regelmäßig während der Fütterung auftraten. Weiter ergab sich, dass GG-rubbing von den untersuchten Tieren wesentlich häufiger in der Anwesenheit von Nahrung ausgeführt wurde als in deren Abwesenheit. Für die Untersuchung, ob zwischen weiblichen Bonobos GG-rubbing im Austausch gegen Nahrung eingesetzt wird, wurden bestimmte Indikatoren festgelegt. Diese waren die Auftretenshäufigkeit von Owner-Bystander-Kontakten, der Initiierung von Owner-Bystander-Kontakten durch den Bystander und des tatsächlichen Eintretens von Cofeeding nach einem Owner-Bystander-Kontakt. Obwohl diese Verhaltensweisen entgegen der Prognosen nicht signifikant häufiger auftraten, kann dennoch festgehalten werden, dass zumindest Bystander-Owner-Kontakte und deren Iniitierung durch den Bystander in mehr als 50% der Fälle auftraten. Das Eintreten von Cofeeding nach einem GG-Kontakt konnte hingegen nur in weniger als 20 % der Owner-Bystander-Kontakte beobachtet werden. Diese Ergebnisse lassen zwar vermuten, dass GG-rubbing von Bystandern dazu eingesetzt wurde, um Zugang zu einer durch ein anderes Tier monopolisierten Nahrung zu erlangen, zeigen jedoch, dass der Erfolg dieser Bemühung bezüglich des Eintretens von Cofeeding gering war. Die Bereitschaft zum Cofeeding seitens der Owner scheint überdies von weiteren Faktoren wie Rangverhältnis und sozialer Bindung zwischen Owner und Bystander beeinflusst zu sein, wie es schon Parish (1994) aufgrund ihrer Ergebnisse vermutet hatte.

Es zeigte sich, dass "Sex-for-Food-Exchange" zwischen weiblichen Bonobos zwar auftritt, das Teilen von Nahrung jedoch stärker durch andere Faktoren wie z.B. Rangstrukturen beeinflusst zu sein scheint. Es bedarf deshalb weiterer Studien, die im Besonderen die Ranghöhe einzelner Tiere als beeinflussenden Faktor für das Eintreten von Cofeeding berücksichtigen. Weiter kann aufgrund der Ergebnisse vermutet werden, dass *eine* Funktion von GG-rubbing die Erleichterung von Cofeeding ist, dieses soziosexuelle Verhalten in der Anwesenheit von Nahrung jedoch auch weitere Funktionen wie z. B. den Abbau interindividueller Spannung erfüllt. Diese vielseitige Bedeutung von GG-rubbing in der sozialen Kommunikation von weiblichen Bonobos machte es schwierig dessen Funktion im Sinne der "Sex-for-Food-Exchange-Hypothese" durch die für die Untersuchung gewählten Methoden herauszustellen.

Das Teilen von Nahrung konnte im Rahmen dieser Arbeit als ein regulär auftretendes Verhalten zwischen weiblichen Bonobos beschrieben werden. GG-rubbing schien entgegen der Erwartungen jedoch nur in seltenen Fällen das Eintreten dieses Verhaltens zu befördern.

8 Literaturverzeichnis

ALTMANN, J. 1974. Observational Studies of Behavior. Sampling Methods. *Behaviour,* **49**, S. 227–267.

BERMEJO, M., ILLERA, G. & SABATER PÍ, J. 1994. Animals and Mushrooms Consumed by Bonobos (Pan paniscus). New Records from Lilungu (Ikela), Zaire. *International Journal of Primatology,* **15** (6), S. 879–898.

BLOUNT, B. G. 1990. Issues in Bonobo (Pan Paniscus) Sexual Behavior. *American Anthropologist,* **92** (3), S. 702–714.

BORTZ, J. & WEBER, R. 2005. *Statistik für Human- und Sozialwissenschaftler. Mit 242 Tabellen.* 6., vollst. überarb. und aktualisierte Aufl. Heidelberg: Springer Medizin.

CALDECOTT, J. O. & MILES, L. 2005. *World atlas of great apes and their conservation.* Berkeley, Calif.: University of California Press.

COOLIDGE, H. J. 1982. External Body Dimensions of Pan paniscus and Pan troglodytes Chimpanzees. *Primates,* **23** (2), S. 245–251.

DAHL, J. F. 1985. The External Genitalia of Female Pygmy Chimpanzees. *The Anatomical Record,* **211**, S. 24–28.

DUPAIN, J. & VAN ELSACKER, L. 2001. The Status of Bonobo (*Pan paniscus*) in the Democratic Republic of Congo. *In:* GALDIKAS, Biruté Marija Filomena, Hrsg. *All Apes Great and Small.* New York: Kluwer. S. 57–75.

FEDIGAN, L. Marie. 1992. *Primate Paradigms. Sex Role and Social Bonds.* Chicago: Univ. of Chicago Press.

FOWLER, A. & HOHMANN, G. 2010. Cannibalism in Wild Bonobos (*Pan paniscus*) at Lui Kotale. *American Journal of Primatology,* **72** (6), S. 509–514.

FRANZ, C. 1999. Allogrooming Behavior and Grooming Site Preferences in Captive Bonobos (*Pan paniscus*): Association with Female Dominance. *International Journal of Primatology,* **20** (4), S. 525–546.

FURUICHI, T. 1987. Sexual Swelling, Receptivity, and Grouping of Wild Pygmy Chimpanzee Females at Wamba, Zaïre. *Primates,* **28** (3), S. 309–318.

FURUICHI, T. 1989. Social Interactions and the Life History of Female *Pan paniscus* in Wamba, Zaire. *International Journal of Primatology,* **10** (3), S. 173–197.

FURUICHI, T. 1997. Agonistic Interactions and Matrifocal Dominance Rank of Wild Bonobos (*Pan paniscus*) at Wamba. *International Journal of Primatology,* **18** (6), S. 855–875.

FURUICHI, T. & HASHIMOTO, C. 2004. Sex Differences in Copulation Attempts in Wild Bonobos at Wamba. *Primates,* **45**, S. 59–62.

GEISSMANN, T. 2003. *Vergleichende Primatologie. Mit 22 Tabellen.* Berlin: Springer.

HASHIMOTO, C. 1997. Context and Development of Sexual Behavior of Wild Bonobos (*Pan paniscus*) at Wamba, Zaire. *International Journal of Primatology,* **18** (1), S. 1–21.

HOHMANN, G. & FRUTH, B. 1996. Food-Sharing and Status in Unprovisioned Bonobos. *In:* WIESSNER, Pauline Wilson & SCHIEFENHÖVEL, Wulf, Hrsg. *Food and the Status Quest. An Interdisciplinary Perspective.* Providence, RI: Berghahn Books, S. 47–67.

HOHMANN, G. & FRUTH, B. 2000. Use and Function of Genital Contact among Female Bonobos. *Animal Behaviour,* **60** (1), S. 107–120.

HOHMANN, G. 2003. Sozio-ökologische Untersuchungen an Bonobos. Tätigkeitsbericht. *Max-Planck-Insitut für evolutionäre Anthropologie.*

HOHMANN, G. & FRUTH, B. 2003. Intra- and Inter-sexual Aggression by Bonobos in the Context of Mating. *Behaviour,* **140** (11-12).

INTERNATIONAL UNION FOR CONSERVATION OF NATURE. 2010. *The IUCN Red List of Threatened Species. Pan paniscus.*

JORDAN, C. 1982. Object Manipulation and Tool-use in Captive Pygmy Chimpanzees (*Pan paniscus*). *Journal of Human Evolution,* **11** (1), S. 35–39.

JURKE, M. H. et al. 2001. Metabolites of Ovarian Hormones and Behavioral Correlates in Captive Female Bonobos (Pan paniscus). *In:* GALDIKAS, Biruté Marija Filomena, Hrsg. *All Apes Great and Small.* New York: Kluwer.

KANO, T. & MULAVWA, M. 1984. Feeding Ecology of the Pygmy Chimpanzee (*Pan paniscus*) at Wamba. *In:* SUSMAN, Randall L, Hrsg. *The Pygmy Chimpanzee. Evolutionary biology and behavior.* New York: Plenum Pr. (Congress of the International Primatological Society; 9), S. 233–274.

KANO, T. 1980. Social Behavior of Wild Pygmy Chimpanzee (*Pan paniscus*) of Wamba: A Preliminary Report. *Journal of Human Evolution,* **9** (4), S. 243–260.

KANO, T. 1984. Distribution of Pygmy Chimpanzees in the Central Zaire Basin. *Folia Primatologica,* **43**, S. 36–52.

KAVANAGH, M. 1972. Food-Sharing Behaviour within a Group of Douc Monkeys (*Pygathrix nemaeus nemaeus*). *Nature* (239), S. 406–407.

KURODA, S. 1980. Social Behavior of the Pygmy Chimpanzees. *Primates, 21* (2), 181-197.

KURODA, S. Interaction over Food among Pygmy Chimpanzees. *Susman (Hg.) 1984 – The Pygmy Chimpanzee,* S. 301–324.

MANSON, J. H., PERRY, S. & PARISH, A. R. 1997. Nonconceptive Sexual Behavior in Bonobos and Capuchins. *International Journal of Primatology,* **18** (5), S. 767–786.

MCGREW, W. C. 1996. Dominance Status, Food Sharing and Reproductive Success in Chimpanzees. *In:* WIESSNER, Pauline Wilson & SCHIEFENHÖVEL, Wulf, Hrsg. *Food and the status quest. An interdisciplinary perspective.* Providence, RI: Berghahn Books, S. 39–45.

MULCAHY, N. & CALL, J. 2006. Apes Save Tools for Future Use. *Science,* **312**, S. 1038–1040.

MYERS THOMPSON, J. 2002. Bonobos of Lukuru Wildlife Research Station. *In:* BOESCH, C., HOHMANN, G. & MARCHANT, L. F., Hrsg. *Behavioral Diversity in Chimpanzees and Bonobos.* Cambridge, S. 61–70.

NASH, L. T. & SCHESSLER, T. 1977. Food Sharing among Captive Gibbons (*Hylobates lar*). *Primates, 18* (3), S. 677–689.

PALAGI, E., PAOLI, T. & BORGOGNINI TARLI, S. M. 2006. Short-Term Benefits of Play Behavior and Conflict Prevention in *Pan Paniscus. International Journal of Primatology, 27* (5), S. 1257–1270.

PAOLI, T. et al. 2007. Influence of Feeding and Short-term Crowding on the Sexual Repertoire of Captive Bonobos (*Pan Paniscus*). *Annales Zoologici Fennici, 44,* S. 81–88.

PARISH, A. 1994. Sex and Food Control in the "Uncommon Chimpanzee". How The Bonobo Female Overcome a Phylogenetic Legacy of Male Dominance. *Ethology and Sociobiology, 15,* S. 157–179.

PARISH, A. R. 1995. Female Relationships in Bonobos (*Pan Paniscus*). Evidence for Bonding, Cooperation and Female Dominance in a Male-Philopatric Species. *Human Nature, 7* (1), S. 61–96.

PATTERSON, T. 1979. The Behavior of a Group of Captive Pygmy Chimpanzees (*Pan paniscus*). *Primates, 20* (3), S. 341–354.

PFALZER, S. & EHRET, G. 1995. Social Intergration of a Bonobo Mother and Her Dependent Daughter into an Unfamiliar Group. *Primates, 36* (3), S. 349–360.

PUSCHMANN, W. & BLASZKIEWITZ, B. 2007. *Zootierhaltung: Tiere in menschlicher Obhut.* Nachdruck der 4. Aufl. Frankfurt am Main: Deutsch.

REICHERT, K. E. et al. 2002. What Females Tell Males about Their Reproductive Status. Are Morphological and Behavioural Cues Reliable Signals of Ovulation in Bonobos (*Pan Paniscus*)? *Ethology, 108* (7), S. 583–600.

SOMMER, V. & AMMANN, K. 1998. *Die großen Menschenaffen. Orang-Utan, Gorilla, Schimpanse, Bonobo ; die neue Sicht der Verhaltensforschung.* München: BLV.

STEVENS, J. M. G., VERVAECKE, H. & ELSACKER, L. 2007. Sex Differences in the Stepness of Dominance Hierarchies in Captive Bonobo Groups. *International Journal of Primatology, 28,* S. 1417–1430.

STEVENS, J. M. G., VERVAECKE, H. & ELSACKER, L. 2008. The Bonobo's Adaptive Potential. Social Relations under Captive Conditions. *In*: FURUICHI, Takeshi & THOMPSON, Jo, Hrsg. *The Bonobos: Behavior, Ecology, and Conservation.* New York: Springer, S. 19–38.

STORCH, V. et al. 2007. *Evolutionsbiologie; 24 Tabellen.* 2., vollst. überarb. und erw. Aufl. Berlin: Springer.

SURBECK, M. & HOHMANN, G. 2008. Primate Hunting by Bonobos at LuiKotale, Salonga National Park. *Current Biology, 18* (19), S. 906-907.

THOMPSON-HANDLER, N., MALENKY, R. K. & REINARTZ, G. E. 1995. *Action Plan for Pan paniscus. Report on free ranging populations an proposals for their preservation.* Milwaukee (WI): Zoo Society Milawaukee County.

WAAL, F. B de. 1991. *Wilde Diplomaten. Versöhnung und Entspannungspolitik bei Affen und Menschen.* München: Hanser.

WAAL, F. B de. 1998. *Bonobos. Die zärtlichen Menschenaffen.* Basel u.a: Birkhäuser.

WESTHEIDE, W. & RIEGER, G. 2004. *Spezielle Zoologie. Wirbel- oder Schädeltiere.* Heidelberg: Spektrum. Akad. Verl. (Spezielle Zoologie; / hrsg. von Wilfried Westheide … ; Teil 2).

WHITE, F. J. 1992. Activity Budgets, Feeding Behavior, and Habitat Use of Pygmy Chimpanzees at Lamako, Zaire. *American Journal of Primatology,* **26**, S. 215–223.

WHITE, F. J. 1996. Pan paniscus 1973 to 1996. Twenty-three Years of Field Research. *Evolutionary Anthropology,* **5** (1), S. 11–17.

ZIEGLER, S. 2004. *Bonobo. Der unbekannte Menschenaffe.* Fachbereich Biodiversität, Artenschutz und Traffic. Verfügbar unter: http://www.wwf.de/fileadmin/fm-wwf/pdf_misc-alt/projektblaetter/Projektblatt_Bonobo_0411.pdf [17.7.10].

ZIHLMANN, A. L. 1996. Reconstruction Reconsidered. Chimpanzee Models and Human Evolution. *In:* MACGREW, William C., Hrsg. *Great ape societies.* Cambridge: Cambridge Univ. Press.

<u>Danksagung</u>

Ich möchte mich an dieser Stelle herzlichst bei den Tierpflegern des Borgori-Waldes des Zoo Frankfurt unter der Leitung von Herrn Carsten Knott bedanken, ohne die diese Arbeit nicht möglich gewesen wäre.

Weiterer Dank gilt Herrn Professor Dr. Lothar Beck und Herrn Thomas Wilms für die Organisation des Praktikums im Frankfurter Zoo.